U0576321

用系列实训指导

陶瓷企业
供用电技术

陈　军◎主编
刘金德◎副主编

经济管理出版社
ECONOMY & MANAGEMENT PUBLISHING HOUSE

图书在版编目（CIP）数据

陶瓷企业供用电技术/陈军主编. —北京：经济管理出版社，2017.11

ISBN 978-7-5096-4895-7

Ⅰ.①陶…　Ⅱ.①陈…　Ⅲ.①陶瓷工业—工业企业—供电管理　②陶瓷工业—工业企业—用电管理　Ⅳ.①TM72　②TM92

中国版本图书馆 CIP 数据核字（2016）第 324819 号

组稿编辑：魏晨红
责任编辑：魏晨红
责任印制：黄章平
责任校对：王淑卿

出版发行：经济管理出版社
　　　　　（北京市海淀区北蜂窝 8 号中雅大厦 A 座 11 层　100038）
网　　　址：www. E-mp. com. cn
电　　　话：（010）51915602
印　　　刷：北京市海淀区唐家岭福利印刷厂
经　　　销：新华书店
开　　　本：787mm×1092mm /16
印　　　张：20. 5
字　　　数：355 千字
版　　　次：2017 年 11 月第 1 版　　2017 年 11 月第 1 次印刷
书　　　号：ISBN 978-7-5096-4895-7
定　　　价：58. 00 元（全两册）

编　委　会

前言

　　为服务梧州市陶瓷产业的发展，藤县中等专业学校结合现有教学电气电工技术类实训设备以及开展校企合作的陶瓷企业的生产设备供用电应用编写本教材。

　　《陶瓷企业供用电技术》及配套的实训指导手册共有七个单元，包括陶瓷企业电路基础知识、陶瓷企业安全用电、陶瓷企业照明电路、陶瓷企业常用低压电器及设备、陶瓷企业三相异步电动机及其运行、陶瓷企业供配电系统及其运行、陶瓷企业电工作业人员的安全保证措施。

　　本书知识机构由浅入深，图文并茂，注重理论与实践相结合，不仅可用于中等职业院校教学、陶瓷企业员工等爱好者学习使用，也可作为社会技术技能的培训教材。

　　由于编者水平所限，本书难免存在疏漏与不足之处，敬请广大读者批评指正。

编　者

2017. 10

目录

单元一

陶瓷企业电路基础知识

任务一　陶瓷企业工艺及用电设备情况

任务教学目标	**知识目标：**
	（1）掌握陶瓷企业基本工艺。
	（2）掌握陶瓷企业主要用电设备。
	（3）掌握陶瓷企业用电设备的基本用电原理。
	技能目标：
	熟悉陶瓷企业的生产情况、构成其生产环节的设备情况及重要性。
	素质目标：
	掌握电能对于企业的重要性，能够灵活掌握电能的作用和应用场合。

 知识目标

　　在日常生活中随处可见的工业产品，如汽车、手机、电冰箱、洗衣机、摩托车等都属于工业制造产品，一个国家的工业化程度直接反映了这个国家的发达程度，工业对一个国家具有重要的意义。那么，一个工厂到底由什么设备组成，产品又是如何生产出来的呢？本章就以生产瓷砖的陶瓷企业作为典型案例来具体介绍陶瓷企业生产工艺以及生产用电设备情况。

知识链接：陶瓷企业基本工艺

在陶瓷产品中，瓷砖是日常生活中常见和常用的产品，如图 1-1-1 所示，那么这种我们日常生活中随处可见的陶瓷产品是如何生产出来的呢？它的生产需要用到什么样的工艺和设备呢？下面我们就来初步了解瓷砖的生产过程。

图 1-1-1　瓷砖

在瓷砖的生产过程中，主要经过：原料入场→原料研磨→制作成浆→喷雾成粒→压制成型→干燥→印花→烧成→抛光→包装等生产环节。

一、原料入场

瓷砖的主要原料是黏土，如图 1-1-2 所示，首先需要将符合瓷砖生产工艺要求的黏土运到陶瓷厂的原料仓库，然后通过传送带传送到原料研磨工艺环节。

图 1-1-2　黏土

二、原料研磨

黏土是不能直接用于生产瓷砖的，需要将黏土磨成满足生产工艺要求的粉状物，而将黏土磨成粉状物是需要专用的设备才能实现的，在陶瓷企业中，该环节主要应用球磨机，如图 1-1-3 所示。

三、制作成浆

将原料磨成粉状物后，下一道工序就是按照配方加入水和其他物质制作成浆，如图 1-1-4 所示。

图 1-1-3　球磨机　　　　　　　　　　图 1-1-4　制作成浆

四、喷雾成粒

将由黏土、水和其他配方物质制作成满足工艺要求的浆体后，下一道工序就是将这些浆体放入喷雾塔中喷雾成粒，该工艺环节就是利用热风炉送出一定温度的热风，热风在泥浆中形成充分对流，对泥浆进行干燥并形成颗粒状，如图 1-1-5 所示。

五、压制成型

成颗粒状的物料通过传送带传送到压机的入料口，压机将这些颗粒按照规格压制成型，压机压制成型的具体尺寸、厚度由压机的吨位和模具而定，如图 1-1-6 所示。

六、干燥

将通过压机压制成型的砖体经过干燥环节，使其达到一定的干燥度后通过传送带传送到印花环节。

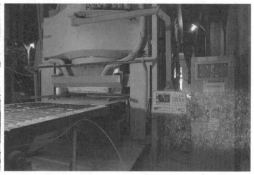

图 1-1-5 喷雾成粒   图 1-1-6 压制成型

七、印花

经过干燥的砖体通过传送带送给印花设备进行印花，印花设备决定了瓷砖上的具体图案。

八、烧成

将印好花的砖体通过传送带传送到窑炉入口，这些砖体要在 1100℃ 的窑炉中经过一定时间加热才能烧成，如图 1-1-7 所示。

九、抛光

瓷砖烧成后的表面不够光亮，因此，必须经过抛光后瓷砖才能形成光滑亮丽的表面，如图 1-1-8 所示。

图 1-1-7 窑炉   图 1-1-8 抛光机

十、包装

经过抛光的瓷砖达到工艺要求后传送到包装机进行包装入库，如图 1-1-9 所示。

通过上述基本工艺的介绍，我们知道在瓷砖的生产环节中要满足生产工艺需要大量的机器设备作为支撑，而这些机器设备要运行起来必须给这些设备通电，因此对于瓷砖企业来说，没有电，企业将失去生产能力。那么，电能为什么能够使这些设备运行呢？电究竟有什么神奇的力量呢？我们将通过学习电路基础知识以及分析常用电气设备及原理来找到答案。

图 1-1-9　包装机

任务二　认识电能和基本电路原理

任务教学目标

知识目标：

（1）掌握电能的由来及传输过程。

（2）掌握电路的组成和基本原理。

（3）掌握电路的常用物理量的定义。

（4）掌握电路常用元件的特性和原理。

技能目标：

（1）能够根据所学的电路知识分析简单电路。

（2）能够根据所学知识灵活地组建简单电路。

（3）能够灵活地应用电路基本原理分析问题。

素质目标：

（1）培养分析简单电路的能力。

（2）培养团队合作解决电路问题的能力。

知识目标

前面的教学任务中，已经初步学习了陶瓷企业的生产工艺及用电设备的情况，我们知道企业的生产离不开用电设备，用电设备工作的确离不开电能及工电系统，那么电能究竟有什么样的神奇力量能够让设备动作起来呢？下面来学习电能的基本原理和性能。

一、认识电能的产生和配送

电能大家都很熟悉，电灯、电风扇、电视机等家用电器都是需要电能驱动才能工作的，那么电能究竟是怎样产生的以及如何接入到我们生活里的呢？下面就来了解电能的产生以及配送过程。

（一）电能的产生

电能是由其他形式的能量转换而来的，主要以火力发电、水力发电、核能发电三种方式为主，如图1-2-1所示。随着科技的不断进步，近年来风力发电、太阳能发电等绿色能源也逐渐广泛应用。

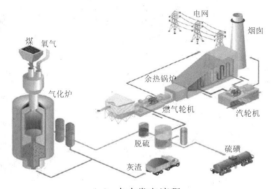

（a）火力发电流程

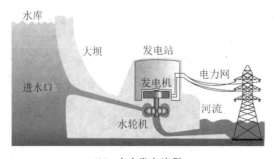

（b）水力发电流程

图1-2-1　常用发电方式

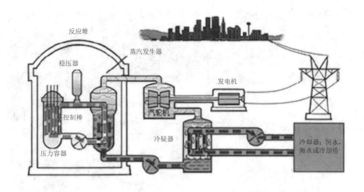

（c）核能发电流程

图 1-2-1　常用发电方式（续）

（二）电能的输送及分配

1. 电能的输送

电力系统主要由发电厂、变电站、输配电线路和用户负载组成，电能通过发电站发出后，首先要经过升压变压器将电压升高，其次通过高压输电线路进行输送，最后通过变电站将电压降低后再输送到用电单位，如图 1-2-2 所示。

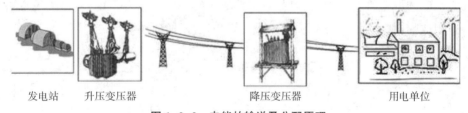

发电站　　　升压变压器　　　　　　　降压变压器　　　　　用电单位

图 1-2-2　电能的输送及分配原理

2. 电能的分配

当高压电送到目的地以后，由当地的变电站、配电站进行变电和配电。当电能送达用电单位后，用电单位通常有配电房对电能进行配电，配电房主要是根据用户的需求对用电负荷进行分类、分区域、分等级配电，如图 1-2-3 所示。

二、认识电路

（一）常见电路分析

随着社会的进步，在日常生活、工农业生产等领域都用到电，电与我们的日常

图 1-2-3　配电房

生活与工作联系得越来越密切，用电就要涉及电路，电路是多种多样的，不管电路的具体形式和复杂程度如何，它们都由一些最基本部件组成。电路分为直流电路和交流电路。

在电路的参数和状态未发生变换的时候，大小和方向都不随时间变化的电流称为直流电流，又称恒定电流，其通过的电路称为直流电路，通常用 DC 表示。图 1-2-4 为我们日常生活中常用的手电筒电路的组成，图 1-2-4（a）为由干电池、开关、灯组成的实际电路，图 1-2-4（b）为符号表示的电路。

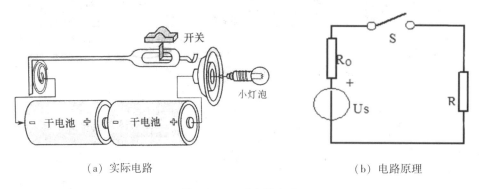

（a）实际电路　　　　　　　　　　　　（b）电路原理

图 1-2-4　手电筒电路

（二）常见电路符号

电路的原理图通常用电路符号表示，作为一名电力工作的从业人员，看懂电路图是一项最基本的技能，表 1-2-1 为一些常用的电路符号，这些符号在电路中代表电路中的元件。

表 1-2-1　常用的电路符号

元件名称	符号	元件名称	符号
导线	——	电容	—||—
白炽灯	⊗	可调电容	—/||—
固定电阻	▭	无铁心电感	⌒⌒⌒
可调电阻	▱	有铁心电感	⌒⌒⌒̄
开关	⁄	相连接的交叉导线	✛
电池	—|⊢—	不相连接的交叉导线	⊥⊤
电压表	Ⓥ	接地	⏚ 或 ⊥
电流表	Ⓐ	保险丝	▭

(三)　电路组成和作用

由电器设备和元器件按一定方式连接起来,为电流流通提供路径的总体称为电路,也叫网络。所有电路从本质上来说都由电源、负载、中间环节三部分组成。

1. 电源

电源是给电路提供能源的设备、器件,其作用是把化学能、光能、机械能等非电能转换为电能。常见的电源有蓄电池(电动自行车的蓄电池,见图 1-2-5)、干电池(手电筒的电池)、太阳能电池和发电机等。

图 1-2-5　电动自行车的蓄电池

2. 负载

负载通常称为用电设备，是将电能转换成其他形式能的元器件或者设备。如日常生活中的电灯、电动自行车的电动机等。常见负载如图1-2-6所示。

（a）电动自行车　　　　　　　　　（b）家用电灯

图1-2-6　常见负载

3. 中间环节

中间环节的作用是将电源和负载连接起来形成闭合电路，并对整个电路实行控制、保护及测量。主要包括连接导线、控制电器（如开关、插头、插座等）、保护电器（如熔断器和断路器等）、测量仪表（如电压表和电流表等），如图1-2-7所示。

（a）直流电压表　　　　　　　　　（b）直流电流表

图1-2-7　电源检测仪表

（四）电路的状态

电路所处的状态有开路状态、短路状态和通路状态三种。

（1）开路时电路中没有电流通过，称为空载。如图 1-2-8（a）所示。

（2）短路时对电源来说属于严重过载，输出电流过大，如果没有保护措施，电源会被烧毁或发生火灾。所以，通常要在电路或电气设备中安装熔断器等保险装置，以避免短路时发生不良后果。如图 1-2-8（b）所示。

（3）通路状态是指电源与负载接通，电路中有电流通过，电气设备或元件获得一定的电压和电功率进行能量转换。如图 1-2-8（c）所示。

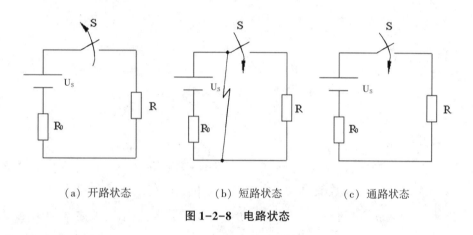

（a）开路状态　　　　　（b）短路状态　　　　　（c）通路状态

图 1-2-8　电路状态

（五）电路的基本物理量

1. 电流

电流是由于电荷的定向移动形成的。在金属导体中，电子在外电场作用下有规则地运动就形成了电流。而在某些液体或气体中，电流则是由于正离子或负离子在电场力作用下有规则地运动形成的。

电流的大小取决于在一定时间内通过导体横截面电荷量的多少。在相同时间内通过导体横截面的电荷量越多，就表示流过该导体的电流越强，反之越弱。如公式 1-2-1 所示。

$$I = Q/t \qquad\qquad (1-2-1)$$

其中，Q 为电荷量，t 为时间（s）。

如果电流的方向不随时间变化，称为直流电流；如果电流的方向和大小都不随时间变化，称为稳恒直流电流。直流电流简称 DC，用 I 表示。电流的基本单位为安培，简称安，用 A 表示，常用的单位还有毫安（mA）和微安（μA）。

$$1 \ A = 10^3 \ mA = 10^6 \ \mu A$$

$$1 \ kA = 10^3 \ A$$

习惯上规定正电荷运动的方向为电流的正方向，电流参考方向定义如图1-2-9所示。

（a）实际方向与参考方向相同　　（b）实际方向与参考方向相反

图1-2-9　电流的参考方向分析

2. 电压

电压是用来衡量电场力推动电荷运动，对电荷做功能力大小的物理量。电路中A、B两点之间的电压在数值上等于电场力把单位正电荷从A点移动到B点所做的功。若电场力移动的电荷量为q，所做的功为W，那么A与B点之间的电压如式1-2-2所示。

$$U_{AB} = W/q \tag{1-2-2}$$

电压的基本单位为伏特，简称伏，用V表示，常用的单位千伏（kV）、毫伏（mV）及微伏（μV）。

$$1 \ kV = 10^3 \ V = 10^6 \ mV = 10^9 \ \mu V$$

电压的参考方向及表示形式如图1-2-10所示。

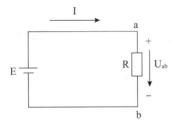

图1-2-10　电压的参考方向及表示形式

3. 电位

在电路的分析中经常用到电位的概念，所谓电位，就是电路中某点到参考点之间的电压。电位的单位与电压相同，用 V 表示。

参考点的选取原则上是任意的，但实际工程技术中常选择大地作为零电位参考点，设备外壳接地的、与机壳相连的点都是零电位点；电子线路中一般选取导线的公共点（往往是电源的一个极）为参考点，用符号"⊥"表示。

例：如图 1-2-11 所示电路，图中选取 b 点为参考点，则 $V_b = 0$，$V_a = U_{ab}$ 或 $V_a = U_E = E$。电路中两点之间的电压等于两点电位之差，即 $U_{ab} = V_a - V_b$。

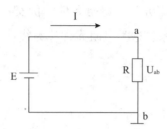

图 1-2-11　参考点的表示方法

4. 电动势

在电源内部，电源力把正电荷从低电位（负极）移到高电位（正极）反抗电场力所做的功 W 与被移动电荷的电荷量 q 的比值就是电源电动势，用字母 E 表示，如式 1-2-3 所示，其单位与电压相同。电动势的实际方向是由电源低电位（电源负极）指向高电位（电源正极），所以电源两端电压的方向与电动势的方向相反。电源开路电压值等于电动势的值。

$$E = W/q \tag{1-2-3}$$

5. 电功率

电场力在单位时间内所做的功，称为电功率，简称功率。功率的单位是瓦特，简称瓦，用 W 表示。

计算电功率时，必须先设定一个元件上电流和电压的参考方向，如果选择关联参考方向，则功率的计算公式如式 1-2-4 所示。

$$P = UI \tag{1-2-4}$$

如果选择非关联参考方向，则功率的计算公式如式 1-2-5 所示。

$$P = -UI \tag{1-2-5}$$

如果功率的计算结果为正值，即 $P > 0$，则说明这个元件在电路中是吸收功率的，是负载；如果功率的计算结果为负值，即 $P < 0$，则说明这个元件在电路中是发出功率的，是电源。

（六）电路的基本元件

1. 电阻元件

电阻元件是电路中使用最多的元件之一，常称为电阻器。电阻器的主要特征是变电能为热能，它是一个消耗电功率的元器件，在电路中的作用主要是调节电流、电压以及将电能转换成热能。

电阻元件是从实际电阻器抽象出来的理想元件模型，如灯泡、电阻炉、电烙铁等实际电阻器件都可视为电阻元件。电阻元件的伏安特性为通过坐标原点的直线，它表明电压与电流成比例关系，这类电阻元件称为线性电阻元件，其两端的电压与电流服从欧姆定律，即：

$$U = RI \text{ 或 } I = U/R \tag{1-2-6}$$

线性电阻元件吸收的功率为：

$$P = UI = RI^2 \tag{1-2-7}$$

（1）电阻定律。一段导体的电阻，与长度成正比，与横截面积成反比，还与材料性质有关。用表达式表示为：

$$R = \rho \cdot \frac{L}{S} \tag{1-2-8}$$

（2）电阻的伏安特性。电阻的伏安特性曲线是一条过原点的直线，这样的电阻元件称为线性电阻元件。伏安特性曲线并不是一条过原点的曲线，这样的电阻称为非线性电阻，如图1-2-12所示。

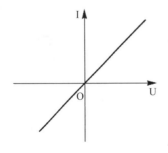
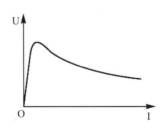

（a）常温下金属电阻器的线性伏安特性　　　（b）热敏电阻器的非线性伏安特性

图1-2-12　电阻的伏安特性

注意：不论U、I是正值还是负值，P总大于零，说明电阻元件总是消耗电功率的，与电流、电压的实际方向没有关系，电阻元件具有分压和限流的作用。

（3）欧姆定律。

1）部分电路欧姆定律。在一段不包括电源的电路中，电路中的电流 I 与加在这段电路两端的电压 U 成正比，与这段电路的电阻 R 成反比，这一结论称为欧姆定律，它揭示了一段电路中电阻、电压和电流三者之间的关系。即：

$$I = U/R \qquad\qquad (1-2-9)$$

2）全电路欧姆定律。全电路欧姆定律的内容是：全电路中的电流 I 与电源的电动势 E 成正比，与电路的总电阻（外电路的电阻 R 和内电路的电阻 R_0 之和）成反比，即：

$$I = \frac{E}{R+R_0} \qquad\qquad (1-2-10)$$

（4）简单电阻电路的分析与计算。

1）电阻的串联。在电路中，若干个电阻依次连接、中间没有分支的连接方式叫作电阻的串联。电阻串联电路在做电路分析时通常将电路进行等效计算，如图 1-2-13 所示。

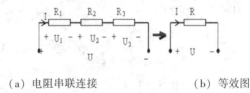

（a）电阻串联连接　　　　　　　　（b）等效图

图 1-2-13　电阻串联

串联电路有以下性质：

a. 串联电路中流过每个电阻的电流都相等，即：

$$I = I_1 = I_2 = I_3 = \cdots = I_n \qquad\qquad (1-2-11)$$

b. 串联电路两端的总电压等于各电阻两端的电压之和，即：

$$U = U_1 + U_2 + \cdots + U_n \qquad\qquad (1-2-12)$$

c. 串联电路的等效电阻（即总电阻）等于各串联电阻之和，即：

$$R_{总} = R_1 + R_2 + \cdots + R_n \qquad\qquad (1-2-13)$$

d. 串联电路的总功率等于各串联电阻功率之和，即：

$$P = P_1 + P_2 + \cdots + P_n \tag{1-2-14}$$

在串联电路中，电压的分配与电阻成正比，即电阻值越大的电阻所分配到的电压越大，反之电压越小。各电阻上消耗的功率与其电阻阻值成正比。

例：如图 1-2-14 所示电路，已知电源电压 $U = 100V$，$R_1 = R_2 = R_3 = R_4 = 25\Omega$，试求 1、2、3、4 四点的电压。

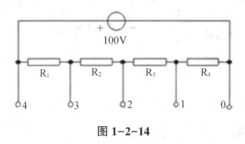

图 1-2-14

解：根据欧姆定律得：$I = \dfrac{U}{R_1 + R_2 + R_3 + R_4} = \dfrac{100}{100} = 1$（A）

$U_1 = I \times R_4 = 1 \times 25 = 25$（V）

$U_2 = I \times (R_4 + R_3) = 1 \times 50 = 50$（V）

$U_3 = I \times (R_4 + R_3 + R_2) = 1 \times 75 = 75$（V）

$U_4 = I \times (R_4 + R_3 + R_2 + R_1) = 1 \times 100 = 100$（V）

2）电阻的并联。在电路中，两个或两个以上电阻接在电路中相同的两点之间的连接方式叫作电阻的并联。如图 1-2-15 所示。

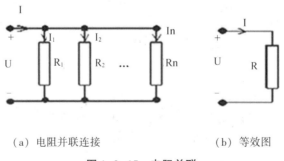

（a）电阻并联连接　　　　　　（b）等效图

图 1-2-15　电阻并联

并联电路有以下性质：

a. 并联电路中各电阻两端的电压相等，且等于电路两端的电压，即：

$$U = U_1 = U_2 = \cdots = U_n \tag{1-2-15}$$

b. 并联电路中的总电流等于各电阻中的电流之和，即：

$$I = I_1 + I_2 + \cdots + I_n \tag{1-2-16}$$

c. 并联电路的等效电阻（即总电阻）的倒数等于各并联电阻的倒数之和，即：

$$\frac{1}{R} = \frac{1}{R_1} + \frac{1}{R_2} + \cdots + \frac{1}{R_n} \tag{1-2-17}$$

并联电路消耗的功率总和等于相并联各电阻消耗功率之和，且电阻值大消耗的功率小。在并联电路中，电流的分配与电阻成反比，即阻值越大的电阻所分配到的电流越小；反之，电流越大。

d. 电阻并联的应用。在实际工作中常见的电阻并联主要有：

凡是工作电压相同的负载几乎全是并联。

用并联电阻来获得某一较小电阻。

在测量中，广泛应用并联电阻的方法来扩大电测量电流的量程。

（5）电阻的混联。既有电阻的串联又有并联的电路叫电阻的混联。混联电路的串联部分具有串联的性质，并联部分具有并联的性质。

计算混联电路的等效电阻的步骤大致如下：

1）要把电路整理和化简成容易看清的串联或并联关系。

2）根据简化的电路进行计算。

例：用滑动变阻器接成分压电路，用于调整负载电阻电压高低。如图 1-2-16 所示，已知变阻器的额定值为 100Ω，$3A$，输入电压 $U = 220V$，$R_L = 50\Omega$。试问：

（1）当 $R_2 = 50\Omega$ 时，输出电压 U_L 是多少？

（2）当 $R_2 = 75\Omega$ 时，输出电压 U_L 是多少？分压器能否安全工作？

解：（1）当 $R_2 = 50\Omega$ 时，R_2 与 R_L 并联，再与 R_1 串联，$R_1 = 50\Omega$，等效电阻为：

$$R = R_1 + \frac{R_2 R_L}{R_2 + R_L} = 50 + \frac{50 \times 50}{50 + 50} = 75 \ (\Omega)$$

电阻器 R_1 中的电流为：

$$I = \frac{U}{R} = \frac{220}{75} = 2.93 \ (A)$$

负载电阻 R_L 中的电流 I_L 为：

$$I_L = \frac{R_L}{R_2 + R_L} I = \frac{50}{50 + 50} \times 2.93 = 1.47 \ (A)$$

$U_L = R_L I_L = 50 \times 1.47 = 73.5$ （V）

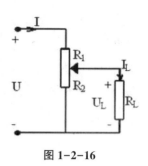

（2）当 $R_2 = 75\Omega$ 时，$R_1 = 25$ （Ω）。则：

$$R = R_1 + \frac{R_2 R_L}{R_2 + R_L} = 25 + \frac{75 \times 50}{75 + 50} = 55 \ （\Omega）$$

$$I = \frac{U}{R} = \frac{220}{55} = 4 \ （A）$$

图 1-2-16

$$I_L = \frac{R_L}{R_2 + R_L} I = \frac{50}{75 + 50} \times 4 = 2.4 \ （A）$$

从计算可知，由于 $I = 4A$，大于滑动变阻器的额定电流，所以分压器不能安全工作。

2. 电感元件

理想电感元件简称电感元件，它是从实际电感线圈中抽象出来的理想化模型。当电感线圈中通以电流时，在其内部及周围会建立磁场。线圈中的电流变化时，磁场也随之变化，并在线圈中产生自感电动势。

（1）电感元件与电感量。磁链与电流的比值称为线圈的自感系数或电感量，简称电感，用符号 L 表示。即：

$$L = \frac{\Psi}{i} \tag{1-2-18}$$

（2）电感电流的连续性。流过电感上的电流不可能发生跃变，而只能是连续变化的，即电感上的电流具有连续性。

（3）电感元件的连接。

1）电感元件的串联。电感元件串联如图 1-2-17 所示，当电感元件串联时，其电感量等于各个串联电感值之和。即：

$$L = L_1 + L_2 \tag{1-2-19}$$

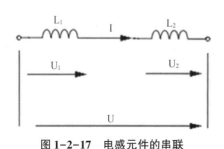

图 1-2-17 电感元件的串联

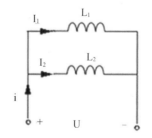

图 1-2-18 电感元件的并联

2）电感的并联。电感元件并联如图 1-2-18 所示，当电感元件并联时，其总电感值的倒数等于各个并联电感值倒数之和。即：

$$\frac{1}{L} = \frac{1}{L_1} + \frac{1}{L_2}$$
$(1-2-20)$

3. 电容元件

理想电容元件简称电容元件，是从实际电容器抽象出来的理想化模型。电容器加上电压后，两极板出现等量异号电荷，并在两极板间形成电场。当忽略电容器的漏电阻和电感时，可将其抽象为只具有储存电场能量性质的电容元件。

电容既表示电路元件，又表示元件参数。其单位是法拉（F），工程上一般采用微法（μF）和皮法（pF）。电容单位的换算：

$1 \, F = 10^6 \mu F = 10^{12} \, pF$

（1）电容元件与电容量。电荷量与电压的比值称为电容器的电容量，简称电容，用符号 C 表示。即：

$$C = \frac{q}{U}$$
$(1-2-21)$

（2）电容元件的连接。

1）电容元件的串联。电容元件的串联如图 1-2-19 所示。

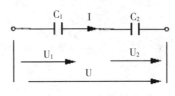

图 1-2-19　电容的串联

电容串联电路有如下特点：①整个电路的总电荷量 $q = q_1 = q_2 = \cdots = q_n$（$q_n$ 表示第 n 个电容所储存的电荷量）。②电路两端的总电压 $U = U_1 + U_2 + \cdots + U_n$（$U_n$ 表示第 n 个电容两端的电压）。③电路的等效电容：$\frac{1}{C} = \frac{1}{C_1} + \frac{1}{C_2}$

2）电容元件的并联。电容元件的并联如图 1-2-20 所示。电容并联电路中，其等效电容 $C = C_1 + C_2$。若有多个电容并联，则等效电容等于所有并联电容之和。

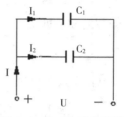

图 1-2-20 电容的并联

任务三 基尔霍夫定律

任务教学目标

知识目标：

（1）掌握电路结构中支路、节点、回路和网孔的概念。

（2）掌握基尔霍夫定律的原理。

（3）掌握基尔霍夫电流定律和电压定律分析丹炉的方法。

技能目标：

（1）能够灵活区分出电路中的支路、节点、回路和网孔。

（2）能够灵活地应用基尔霍夫定律分析简单电路。

素质目标：

培养团队协作解决和分析电路原理及参数的能力。

 知识目标

基尔霍夫定律是电路分析中最基本的也是最重要的定律，该定律分为基尔霍夫电流定律和基尔霍夫电压定律，本任务将详细地讲解用基尔霍夫定律分析常见电路的方法。

一、电路结构

在学习用基尔霍夫定律分析电路前我们首先要来学习电路中支路、节点、回路和网孔几个名词以及这些名词在电路中代表的意义。

（1）支路。电路中通过同一电流的每一个分支叫支路（见图1-3-1）。

流过支路的电流，称为支路电流。含有电源的支路叫含源支路，不含电源的支路叫无源支路（见图1-3-2）。

（2）节点。三条或三条以上支路的连接点叫节点，如图1-3-2中的b点和e点。

（3）回路。电路中任意闭合路径叫回路（见图1-3-2）。

（4）网孔。内部没有跨接支路的回路叫网孔（见图1-3-2）。

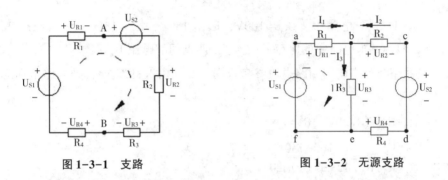

图1-3-1 支路   图1-3-2 无源支路

二、基尔霍夫电流定律（KCL）

任一时刻，流入电路中任一节点的电流之和等于流出该节点的电流之和，表达式为：

$\sum I_入 = \sum I_出$（节点电流方程）

注意：

（1）KCL中所提到的电流的"流入"与"流出"，均以电流的参考方向为准，而不论其实际方向如何。流入节点的电流是指电流的参考方向指向该节点，流出节点的电流其参考方向背离该节点。

（2）KCL可改写为$\sum I = 0$，即对电路任一节点而言，电流的代数和恒等于零。

三、基尔霍夫电压定律（KVL）

任一时刻，沿任一闭合回路内各段电压的代数和恒等于零，表达式为：

$\sum U = 0$

注意：（1）在列写回路电压方程时，首先应选定回路的绕行方向。凡电压参考方向与回路绕行方向一致时，该电压取正；凡电压参考方向与回路绕行方向相反时，该电压取负。

（2）KVL 不管是线性电路还是非线性电路，定律都是适应的，对于电阻这一特殊情况，若把电阻元件上电压 U（u）与电流 I（i）的关系代入可得到 kVL 的另一种表达式：

$\sum(IR+U_S) = 0$（直流）。

当流过电阻的电流、电压与回路的绕行方向选取一致时则 IR 和 U_S 为"+"，反之则取"-"。

（3）如果回路为一单回路通常选回路的绕行方向与回路的电流的参考方向一致。

例：如图 1-3-3 电路中，$U_{S1}=100V$，$U_{S2}=150V$，$R_1=15\Omega$，$R_2=25\Omega$，$R_3=40\Omega$，$R_4=20\Omega$，试求电路中的电流 I 及 A、B 两点间的电压 U_{AB}。

解：设回路绕行方向与回路电流参考方向一致，由 KVL 定律，列回路电压方程如下：

$$-U_{S1}+IR_1+U_{S2}+IR_2+IR_3+IR_4=0$$

$$I=\frac{U_{S1}-U_{S2}}{R_1+R_2+R_3+R_4}=\frac{100-150}{15+25+40+20}=-0.5（A）$$

$$U_{AB}=U_{S2}+U_{R2}+U_{R3}=U_{S2}+IR_2+IR_3$$
$$=150+(-0.5)\times25+(-0.5)\times40=117.5（V）$$

或：

$$U_{AB}=-U_{R1}+U_{S1}+-U_{R4}=-IR_1+U_{S1}+-IR_4$$
$$=-(-0.5)\times15+100-(-0.5)\times20=117.5（V）$$

结论：由此可见，求任意两点之间的电压与所选择的路径无关。

例：如图 1-3-4 电路中，已知 $U_{S1}=2V$，$U_{S2}=12V$，$U_{S3}=6V$，$R_1=4\Omega$，$R_2=1\Omega$，$R_3=3\Omega$，试求 a、b 两点间的电压 U_{ab}。

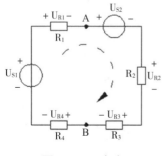

图 1-3-3　支路

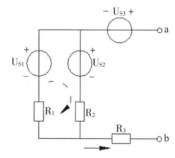

图 1-3-4　无源支路

解：因为 a、b 两端为开路，所以电路中只有一个闭合的回路，选回路的绕行方向与其电流的参考方向一致，如图 1-3-4 所示，则据 KVL 得：

$$U_{S2}+IR_2+IR_1-U_{S1}=0$$

$$I=\frac{U_{S1}-U_{S2}}{R_1+R_2}=\frac{2-12}{4+1}=-2\ (A)$$

所以：

$$U_{ab}=U_{S3}+U_{S2}+U_{R2}+U_{R3}=U_{S3}+U_{S2}+IR_2+I_{R3}R_3$$
$$=6+12+(-2)\times1+0=16\ (V)$$

任务四　交流电的特性及原理

任务教学目标

知识目标：

（1）掌握交流电路的组成及结构并熟知电路中常用元件的表示方法。

（2）熟知交流电路中的各个物理量。

（3）掌握正弦交流电的特性及原理。

技能目标：

（1）能够熟练地识别出电路中各种元件及结构。

（2）能够熟练地解析出电路中的常用物理量。

（3）能够灵活地分析交流电的特性及参数计算。

素质目标：

能够灵活地将交流电的常识应用于工作和生活中。

 知识目标

在日常生活中到处都可以见到家用电器的身影，如电视机、电冰箱、电灯、洗衣机、电风扇等，而这些家用电器为什么一插上插头就能运转了呢？插头中的电到底是什么样的物资呢？本章就来介绍家用电器中常用的单相交流电的原理和特点。

信号幅度和方向随时间变化的电流、电压，称为交变电流和交变电压，统称交流电，通常用 AC 表示。我们日常生活用电以及工业上生产用电主要使用的就是正弦交流电，因此本章主要学习正弦交流电的知识。

一、正弦量的定义及表示形式

（1）正弦量的定义。按正弦规律变化的交流电动势、交流电压、交流电流等物理量统称正弦量。

（2）正弦量的瞬时表达式：

$$e = E_m \sin(\omega t + \varphi_e) \tag{1-4-1}$$

$$u = U_m \sin(\omega t + \varphi_u) \tag{1-4-2}$$

$$i = I_m \sin(\omega t + \varphi_i) \tag{1-4-3}$$

二、基本的物理量

1. 瞬时值和最大值

（1）瞬时值。正弦交流电在任一时刻 t 的取值叫做正弦交流电的瞬时值。正弦交流电动势、正弦交流电压、正弦交流电流的瞬时值分别用字母 e、u 和 i 表示。

（2）最大值。正弦交流电瞬时值中的最大值叫作正弦交流电的最大值（也叫振幅、峰值）。正弦交流电动势、正弦交流电压、正弦交流电流的最大值分别用字母 Em、Um 和 Im 表示。

2. 周期、频率和角频率

（1）周期。正弦交流电完成一次全变化所需的时间叫周期，用字母 T 表示，单位为秒。

（2）频率。单位时间（即 1 秒）内正弦交流电完成全变化的次数称为频率，用字母 f 表示，单位为赫兹（Hz）。周期与频率互为倒数，即 $f = \dfrac{1}{T}$ 或 $T = \dfrac{1}{f}$。我国交流电网的频率（亦称工频）为 50Hz，欧美、日本等国家的电网频率为 60Hz。

（3）角频率。单位时间（即 1 秒）内正弦交流电变化的电角度叫作角频率，用符号 ω 表示，单位为弧度每秒（rad/s）。

$$\omega = 2\pi f = \frac{2\pi}{T} \tag{1-4-4}$$

3. 相位和初相位

（1）相位。正弦函数符号后面的部分（ωt+φ）称为相位角，简称相位，这里用 Ψ 表示，即 Ψ = ωt+φ，单位为弧度（rad）或度。

（2）初相位。正弦交流电在初始时刻（t = 0 时）的相位φ称为初相位或初相角简称为初相，它反映了正弦交流电的起始状态。

（3）相位差。两个同频率正弦交流电的相位之差叫作相位差，用符号ΔΨ表示。

例：

$u_1 = U_{1m}\sin(\omega t+\varphi_1)$

$u_2 = U_{2m}\sin(\omega t+\varphi_2)$

则它们之间的相位差为：

$$\Delta\Psi_{12} = \Psi_1 - \Psi_2 = (\omega t+\varphi_1) - (\omega t+\varphi_2)$$
$$= \varphi_1 - \varphi_2 = \Delta\varphi_{12}$$

上式表明，两个同频率正弦量之间的相位差等于它们的初相位之差，它是一个与时间无关的常数，表征了两个同频率正弦量变化的步调，即在时间上到达最大值（或零值）的先后顺序。通常用绝对值小于 π（180°）的角来表示相位差。

（4）超前和滞后。

1）当相位差 $0<\Delta\varphi_{12}=\varphi_1-\varphi_2<\pi$ 时，称 u_1 超前 u_2 $\Delta\varphi_{12}$角；或称 u_2 滞后 u_1 $\Delta\varphi_{12}$ 角，如图 1-4-1 所示。

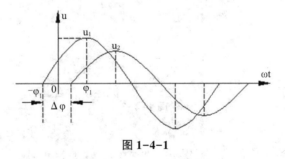

图 1-4-1

2）当相位差$\Delta\varphi_{12}=\varphi_1-\varphi_2=0$ 时，称 u_1 与 u_2 同相，如图 1-4-2（a）所示；当相位差$\Delta\varphi_{12}=\varphi_1-\varphi_2=180°$时，称 u_1 与 u_2 反相，如图 1-4-2（b）所示；当相位差$\Delta\varphi_{12}=\varphi_1-\varphi_2=90°$时，称与正交。如图 1-4-2（c）所示。

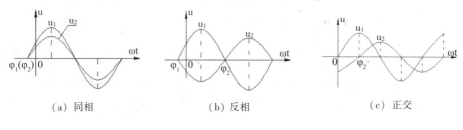

（a）同相   （b）反相   （c）正交

图 1-4-2

4. 正弦量的三要素

最大值、角频率和初相位称为正弦交流电的三要素。

例：已知某正弦交流电动势的最大值为 311V，频率 50Hz，初相位为 π/6，试写出其瞬时值表达式，并绘出波形图。

解：

角频率为：

$$\omega = 2\pi f = 2\pi \times 50 = 314 \ (\text{rad}/\text{s})$$

其瞬时值表达式为：

$$e = E_m \sin(\omega t + \varphi_e)$$

$$= 311\sin\left(314t + \frac{\pi}{6}\right)$$

其波形图如图 1-4-3 所示：

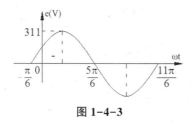

图 1-4-3

例：已知三个正弦交流电 $u = 10\sin\left(\omega t + \dfrac{4}{\pi}\right)$ V，$e = \sin\omega t_V$，$i = 5\sin(\omega t - 30°)_A$，试绘出其波形图。

解：波形图如图 1-4-4 所示。

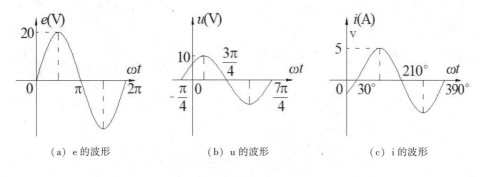

(a) e 的波形　　　　　　(b) u 的波形　　　　　　(c) i 的波形

图 1-4-4

三、正弦交流电的有效值和平均值

为了直观地反映正弦交流电在电路中能量转换的实际效果，客观地衡量正弦交流电的大小，引出了衡量正弦交流电大小的另一个物理量——有效值。

1. 正弦交流电的有效值

当一个交流电流和一个直流电流分别通过同一电阻，在相同的时间内产生相等的热量，则这个直流电的大小就被定义为该交流电流的有效值。也就是说，交流电的有效值就是与它热效应相等的直流值，用字母 I 表示。对于交流电压、交流电动势的有效值也有同样的定义，分别用字母 U 和 E 表示。

正弦交流电的有效值与其最大值之间的关系为：

$$I = \frac{I_m}{\sqrt{2}} = 0.707 I_m \qquad U = \frac{U_m}{\sqrt{2}} = 0.707 U_m \qquad E = \frac{E_m}{\sqrt{2}} = 0.707 E_m$$

注意：通常所说的交流电的值都是指其有效值。如用某些交流电表测量出来的数值是指其有效值；一般电气设备铭牌上所标注的电压、电流值同样是其有效值。以后凡涉及交流电的数值，只要没有特别声明都指其有效值。大家需要了解的是我国家用电器使用的都是单相正弦交流电，其电压有效值为 220V。

2. 正弦交流电的平均值

正弦交流电在半个周期内瞬时值的平均大小叫作正弦交流电的平均值。正弦交流电动势、正弦交流电压、正弦交流电流平均值分别用字母 E_P、U_P、I_P 表示。

$$E_P = \frac{2}{\pi} E_m = 0.637 E_m \qquad U_P = \frac{2}{\pi} U_m = 0.637 U_m \qquad I_P = \frac{2}{\pi} I_m = 0.637 I_m$$

例：已知正弦交流电 $u = 220\sqrt{2} \sin(314t + 60°)$ V，$i = 10\sqrt{2} \sin(100\pi t + 30°)$ A，试

求：①最大值、有效值、平均值；②相位、初相位、相位差；③角频率、频率、周期；④绘出其波形图。

解：（1）最大值、有效值、平均值。

①电压的最大值、有效值、平均值分别为：

$$U_m = 220\sqrt{2}\ V \qquad U_m = 220V \qquad U_p = 0.637U_m = 0.637 \times 220\sqrt{2} = 198\ （V）$$

②电流的最大值、有效值、平均值为：

$$I_m = 10\sqrt{2}\ A \qquad I = 10A \qquad I_p = 0.637I_m = 0.637 \times 10\sqrt{2} = 9\ （A）$$

（2）相位、初相位、相位差。

①电压的相位、初相位分别为：

$$\Psi_u = 314t + 60° \qquad \varphi_u = 60°$$

②电流的相位、初相位分别为：

$$\Psi_i = 314t - 30° \qquad \Psi_i = -30°$$

$$\Delta\Psi_{ui} = \varphi_u - \varphi_i = 60° - （-30°） = 90°$$

（3）角频率、频率、周期。

$$\omega = 314rad/s \qquad f = 50Hz \qquad T = 0.02s$$

（4）波形图如图 1-4-5 所示。

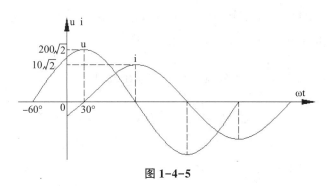

图 1-4-5

四、复数的概述

1. 复数的几种基本形式

（1）代数形式：$A = a + jb$；矢量图如图 1-4-6 所示。

（2）复数的指数形式：

$$A = a + jb = |A|e^{j\varphi}, \quad |A| = \sqrt{a^2 + b^2} \to 复数的模，表示复数的大小 \quad \varphi = arctg\frac{b}{a} \to$$

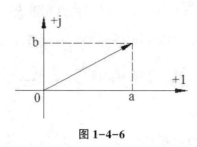

图 1-4-6

复数的幅角，表示复矢量与实轴的夹角。

$$a = | A | \cos\varphi \qquad b = | A | \sin\varphi$$

（3）复数的极坐标形式：

$$A = | A | \angle\varphi$$

2. 复数的运算法则

（1）复数的加减运算。复数的加减运算通常用代数形式进行。运算时，遵循实部与实部相加减，虚部与虚部相加减的原则。

如：$A_1 = a_1 + jb_1$，$A_2 = a_2 + jb_2$，

则：$A_1 \pm A_2 = (a_1 + a_2) + j(b_1 \pm b_2)$

（2）复数的乘法运算。复数的乘法运算通常用指数形式或极坐标形式进行。运算时，遵循模相乘，幅角相加原则。

如：$A_1 = | A_1 | e^{j\varphi_1} = | A_1 | \angle\varphi_1$，$A_2 = | A_2 | e^{j\varphi_2} = | A_2 | \angle\varphi_2$

则：$A_1 \times A_2 = | A_1 | \times | A_2 | e^{j(\varphi_1+\varphi_2)} = | A_1 | \times | A_2 | \angle(\varphi_1 + \varphi_2)$

（3）复数的除法运算：复数的除法运算通常也采用指数形式或极坐标形式进行。运算时，遵循模相除，幅角相减原则，则：

$$\frac{A_1}{A_2} = \frac{| A_1 |}{| A_2 |} e^{j(\varphi_1-\varphi_2)} = \frac{| A_1 |}{| A_2 |} \angle(\varphi_1 - \varphi_2)$$

（4）两个复数相等：欲使两个复数相等，必须满足实部与实部相等、虚部与虚部相等；或者模相等、幅角相等。

五、正弦交流电的相量表示法

1. 正弦量的相量表示

相量是用来表示正弦量的特殊复数。具体表示方法是：用相量的模表示正弦量的有效值（或最大值）；用相量的幅角表示正弦量的初相位。

如某正弦交流电流为：$i=I_m\sin(\omega t+\varphi_i)$，则其相量表示为：

（1）正弦交流电流的最大值相量为：$\dot{I}_m=I_m\angle\varphi_i=I_m\angle\varphi_ie^{j\varphi_i}$。

（2）正弦交流电流的有效值相量为：$\dot{I}=\dfrac{I_m}{\sqrt{2}}\angle\varphi_i=I\angle\varphi_ie^{j\varphi_i}$。

2. 相量图

（1）相量和复数一样可以在复平面上用矢量的形式来表示，这种表示相量的图形称为相量图，如图1-4-7所示。

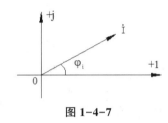

图1-4-7

注意：只有同频率正弦量的对应相量才能画在同一复平面上，不同频率正弦量的对应相量不能画在同一相量图中。

（2）相量法：这种用相量表示正弦量，进行正弦交流电路运算的方法称为相量法。

例：已知：$i_1=3\sqrt{2}\sin(\omega t+90°)$A，$i_2=4\sqrt{2}\sin\omega t$A。求：$i_1+i_2$及$i_1-i_2$，并绘出相量图。

解：（1）将两个同频率的正弦交流电流用相应的相量形式表示出来。

$\dot{I}_1=3\angle90°=3(\cos90°+j\sin90°)=j3$A

$\dot{I}_2=4\angle0°=4(\cos0°+j\sin0°)=4$A

（2）用相量法进行和、差运算。

$\dot{I}_1+\dot{I}_2=j3+4=5\angle36.8°$ $\dot{I}_1-\dot{I}_2=j3-4=5\angle143.2°$

（3）还原成瞬时值表达式。

$i_1+i_2=5\sqrt{2}\sin(\omega t+36.8°)$A $i_1-i_2=5\sqrt{2}\sin(\omega t+143.2°)$A

（4）绘出相量图，如图1-4-8所示。

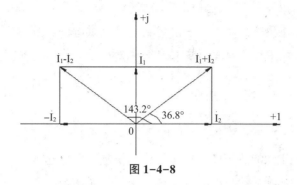

图 1-4-8

任务五 三相交流电

知识目标:

(1) 掌握三相交流电路的组成及结构并熟知电路中常用元件的表示方法。

(2) 掌握三项交流电的特性及原理。

(3) 掌握三相交流电的连接方法。

技能目标:

(1) 能够灵活地识别出三相交流电路中的结构及元件。

(2) 能够灵活地分析典型三相交流电路的特点。

(3) 能够灵活进行交流电负载的连接。

素质目标:

能够灵活地将三相交流电的常识应用于日常生活中和工作中。

任务教学目标

 知识目标

在任务四中,我们已经学习了交流电的特性和特点,主要以单相交流电进行分析,也知道在我们日常生活中的家用电器使用的就是单相交流电,其电压有效值为

220V，那么除了单相交流电外，我们在电能的使用上还有什么类型呢？其实在工业生产中的大多数用电设备都是采用三相交流电进行供电的，那么三相交流电与单相交流电相比，其具有什么样的特点及不同之处呢？

一、三相交流电的基本知识

目前，电力系统普遍采用三相制供电，所谓三相制，就是由三个幅值相等、频率相同、相位差互为120°的正弦电压源组成的供电系统。这样的三个电源称为三相电源，具有三相电源的交流电路称为三相电路。前面所说的交流电路，实际上是三相电路中的一相，因此可称为单相交流电路。三相电路是一种特殊的交流电路，交流电路分析的一般规律和计算方法在三相电路中仍然适用。

（一）三相电路的优点

在工农业生产和现代电力系统大多采用三相交流电，这是因为三相交流电在电能的产生、输送和应用上与单相交流电相比有以下显著优点：

（1）制造三相发电机和三相变压器比制造容量相同的单相发电机和单相变压器节省材料。

（2）在条件相同的情况下用三相输电所需输电线的金属量仅为单相输电的3/4。

（3）三相电流不仅能产生旋转磁场，而且对称三相电路的瞬时功率是个常数，从而能制造结构简单、性能良好的三相异步电动机。因此，在动力用电（即强电系统）中三相交流电得到广泛应用。我们日常生活中照明用电等就是取自三相电中的一相。

（二）三相电源

1. 三相电源的产生

三相交流电源通常由三相发电机产生。在三相交流发电机的定子铁心上均匀嵌入三个几何结构、绕向、匝数完全相同的绕组（线圈），三个绕组（线圈）在空间的位置彼此相差120°，如图1-5-1所示。

发电机转子是一对磁极，由原动机（汽轮机、涡轮机等）拖动，产生旋转磁场。在同一转子产生的同一旋转磁场作用下，每个绕组（线圈）的感应电压的频率相同；三个绕组（线圈）的几何结构、绕向、匝数完全相同，每个绕组（线圈）的感应电压的幅值相同；三个绕组（线圈）在空间的位置彼此相差120°，每个绕组（线圈）的感应电压达到幅值的角度，因而也相差120°，各个绕组（线圈）的感应电压的相位差互为120°。

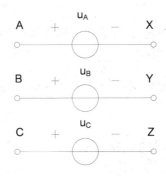

图 1-5-1　三相电源原理

2. 三相电源的相量

三个电压源分别用 u_A、u_B、u_C 表示，称为 A 相、B 相和 C 相的电压。其中 A、B、C 称为每相的始端，X、Y、Z 称为每相的末端，每相电源电压的方向规定为从始端指向末端。若以 A 相电压为参考正弦量，三相电压的瞬时值表示式分别为：

$$u_A = \sqrt{2}\,U\sin\omega t \qquad u_B = \sqrt{2}\,U\sin(\omega t - 120°) \qquad u_C = \sqrt{2}\,U\sin(\omega t + 120°)$$

三相电压的相量分别为：

$$\dot{U}_A = U\angle 0° \qquad \dot{U}_B = U\angle -120° \qquad \dot{U}_C = U\angle 120°$$

向量图如图 1-5-2 所示。

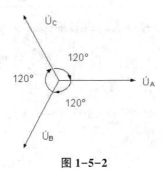

图 1-5-2

由图 1-5-2 可得：

$$\dot{U}_A + \dot{U}_B + \dot{U}_C = 0 \qquad u_A + u_B + u_C = 0$$

这样的三相正弦量常称为对称三相正弦量。

3. 三相电源的相序

对称三相电源电压达到最大值或零值的先后顺序称为相序。通常把 A—B—C—A 称为顺相序（也叫正序）；A—C—B—A 称为逆相序（也叫负序）。

注意：

（1）无论以哪一相作为参考正弦量（即初相为零的正弦量），三相交流电源的相位差不变。

（2）三相交流电路中的对称物理量（电压或电流），无论是瞬时值求和还是对应向量求和均为零。

二、三相正弦交流电路的连接方式

三相交流电路的连接包括电源的连接和负载的连接两部分。每种连接方式电路的特性及参数都会不同，因此本章节我们就来了解三相电路的典型连接方式。

（一）三相交流电源的连接方式

1. 三相交流电源的星形连接（见图 1-5-3）

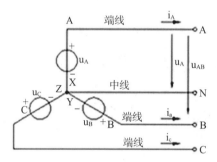

图 1-5-3　三相电源星形连接原理

（1）三相交流电源星形连接的特点。将三相绕组的相尾 X、Y、Z 连接成一点 N，该点叫中性点。从中性点引出一条线 N，叫作中线（当 N 接地时，又叫零线）。从三相绕组的首端 A、B、C（新的国际统一符号为 L_1、L_2、L_3）引出的三条输电线叫电源的端线（又叫火线或相线）。

有中线的三相制叫三相四线制，无中线的三相制叫三相三线制。

（2）三相交流电源星形连接的相电压和线电压。线电压：端线间的电压叫做线电压，用 U_{AB}、U_{BC}、U_{CA} 表示，它们的有效值用 U_P 表示；各线电压的参考方向规定为 A 线指向 B 线，B 线指向 C 线，C 线指向 A 线。相电压和线电压的向量图如图 1-5-4 所示。

相电压：端线到中线的电压叫相电压，用 U_A、U_B、U_C 表示，它们的有效值用 U_P 表示；相电压的参考方向规定为从相头指向相尾，相电压相量之间的关系可表示为：

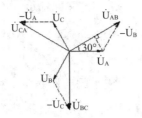

图 1-5-4　三相电源星形连接相量

$$\dot{U}_A = U_P\angle 0° \qquad \dot{U}_B = U_P\angle -120° \qquad \dot{U}_C = U_P\angle 120°$$

线电压的相量表示：

$$\dot{U}_{AB} = \dot{U}_A - \dot{U}_B = \sqrt{3}\,\dot{U}_A\angle 30° = \sqrt{3}\,U_P\angle 30°$$

$$\dot{U}_{BC} = \dot{U}_B - \dot{U}_C = \sqrt{3}\,\dot{U}_B\angle 30° = \sqrt{3}\,U_P\angle -90°$$

$$\dot{U}_{CA} = \dot{U}_C - \dot{U}_A = \sqrt{3}\,\dot{U}_C\angle 30° = \sqrt{3}\,U_P\angle 150°$$

可见对称三相电源连接时，三个线电压也对称，且线电压的有效值为相电压有效值的 $\sqrt{3}$ 倍，对应的线电压超前对应的相电压30°。

注意：三个相电压只有在对称时其和为零，而线电压无论对称与否其和均为零，即：

$$U_{AB} + U_{BC} + U_{CA} = U_A - U_B + U_B - U_C + U_C - U_A = 0$$

（3）线电流与相电流。过端线的电流叫作线电流，用 i_A、i_B、i_C 表示。对称线电流的有效值用 I_l 表示。

通过电源每一相的电流叫作相电流，对称相电流的有效值用 I_P 表示。

2. 三相交流电源三角形连接

将三相电源的三相绕组依次连接，即 A 相的 X 端接 B，B 相的 Y 端接 C，C 相的 Z 端接 A，构成一个闭合的三角形，分别从 A、B、C 三端引出三条端线，这就是三相交流电源三角形连接，如图 1-5-5 所示。

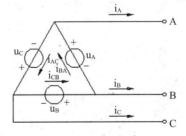

图 1-5-5　三相电源三角形连接

三相电源作三角形连接时，线电压就是对应的相电压。即：

$$\dot{U}_{AB} = \dot{U}_A = U_P \angle 0° \qquad \dot{U}_{BC} = \dot{U}_B = U_P \angle -120° \qquad \dot{U}_{CA} = \dot{U}_C = U_P \angle 120°$$

注意：

（1）三角形连接中三个绕组构成了闭合回路，对称三相电压之和为零，外部不接负载时，这一闭合回路中没有电流，即每一绕组都没有电流通过。

（2）如果三相电压不对称，或者虽然对称，但有一相接反，三相电压之和不为零，当电源外部不接负载时，由于每相绕组内阻抗较小，在三角形绕组内会产生较大的环行电流，引起绕组发热，甚至烧坏绕组。因此，在工程上为了保证三相绕组能正确地连接成三角形，一般先不将三角形闭合而是在开口处接一块伏特计，测量回路电压，如图1-5-6所示。其测量方法为：如果伏特计的读数为零，说明绕组连接正确，可取下伏特计，再将开口处连接上；如果伏特计读数不为零，而是相电压的两倍，则表明有一（或两相）绕组接反了，必须将其更正，然后再用上述方法复查，复查无误后再将开口处接上。

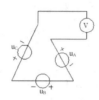

图1-5-6 三相电源三角形连接

（3）相电流与线电流。线电流用 I_A、I_B、I_C 表示，相电流用 I_{BA}、I_{CB}、I_{AC} 表示，两者之间的关系为：

$$I_A = I_{BC} - I_{AC} \qquad I_B = I_{BA} - I_{AC} \qquad I_C = I_{AC} - I_{CB}$$

用相量表示为：

$$\dot{I}_A = \dot{I}_{BA} - \dot{I}_{AC} \qquad \dot{I}_B = \dot{I}_{CB} - \dot{I}_{BA} \qquad \dot{I}_C = \dot{I}_{AC} - \dot{I}_{CB}$$

相电流与线电流的向量图如图1-5-7所示：

运算可得：

$$\dot{I}_A = \sqrt{3} I_{BA} \angle -30° \qquad \dot{I}_B = \sqrt{3} I_{CB} \angle -30° \qquad \dot{I}_C = \sqrt{3} I_{AC} \angle -30°$$

若以 i_{BA} 为参考正弦量，则：

$$\dot{I}_A = \sqrt{3} I_{BA} \angle -30° = \sqrt{3} I_P \angle -30°$$

$$\dot{I}_B = \sqrt{3} I_{CB} \angle -30° = \sqrt{3} I_P \angle -120° \angle -30° = \sqrt{3} I_P \angle -150°$$

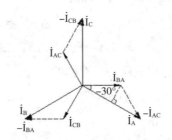

图 1-5-7　三相电源三角形连接

$$\dot{I}_C = \sqrt{3}\,\dot{I}_{AC} \angle -30° = \sqrt{3}\,I_P \angle 120° \angle -30° = \sqrt{3}\,I_P \angle 90°$$

可见，对称三相电源三角形连接时，三个线电流也对称，且线电流的有效值为相电流有效值的 $\sqrt{3}$ 倍，对应的线电流滞后相电流 30°。

（二）三相交流负载的连接方式

三相负载也有星形和三角形两种连接方式。当三个负载复阻抗相等时，称为对称的三相负载。若电路中三相电源对称，三相负载也对称，该电路称为对称三相电路。

一般情况下，电源总是对称的，负载可能是不对称的。由于三相电源和三相负载都有星形和三角形两种接法，所以它们可以组成 Y–Y、Y–Δ、Δ–Y 和 Δ–Δ 四种接法的三相电路。下面介绍 Y–Y 和 Δ–Δ 两种接法。

1. 三相负载星形连接

（1）三相负载星形连接就是将三相负载的一端接在一起，另一端分别接在不同的三个端线上。负载不对称时，经常采用四线制星形接法，如图 1-5-8 所示。

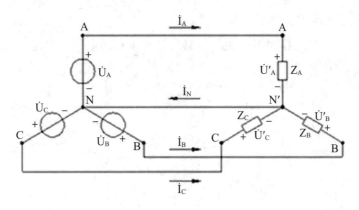

图 1-5-8　三相负载星形连接

（2）负载端线电压与相电压的关系为：

$$\dot{U}_{AB} = \dot{U}_A - \dot{U}_B \qquad \dot{U}_{BC} = \dot{U}_B - \dot{U}_C \qquad \dot{U}_{CA} = \dot{U}_C - \dot{U}_A$$

在三相四线制电路中，由于中线的存在，若忽略线路损耗，则负载相电压与电源相电压对应相等，因此负载相电压也是对称的，即：

$$\dot{U}_A = U_P \angle 0° \qquad \dot{U}_B = U_P \angle -120° \qquad \dot{U}_C = U_P \angle 120°$$

负载线电压与电源线电压相等：

$$\dot{U}_{AB} = \dot{U}_A - \dot{U}_B = \sqrt{3}\dot{U}_A \angle 30° = \sqrt{3}U_P \angle 30°$$

$$\dot{U}_{BC} = \dot{U}_B - \dot{U}_C = \sqrt{3}\dot{U}_B \angle 30° = \sqrt{3}U_P \angle -90°$$

$$\dot{U}_{CA} = \dot{U}_C - \dot{U}_A = \sqrt{3}\dot{U}_C \angle 30° = \sqrt{3}U_P \angle 150°$$

（3）线路的线电流等于对应的负载相电流，即：

$$\dot{I}_A = \frac{\dot{U}_A}{Z_A} \qquad \dot{I}_B = \frac{\dot{U}_B}{Z_B} \qquad \dot{I}_C = \frac{\dot{U}_C}{Z_C}$$

而且 $\dot{I}_N = \dot{I}_A + \dot{I}_B + \dot{I}_C$

注意：

（1）若三相负载是对称的，则各相电流对称，中线的电流为零，中线断开不影响负载的正常工作，可以将中线省略不接，三相四线制电路就变为三相三线制的Y–Y型接法。

（2）若三相负载不对称，则各相电流不对称，中线电流不为零，中线不能去掉，否则电源电压将在负载上重新分布，使得负载上的相电压不再等于电源的相电压，有的高于电源的相电压，有的低于电源的相电压，这样，负载就得不到正常的工作电压，甚至使某些负载被烧坏。

（3）对称三相负载作星形连接时，只需计算单相的电压、电流及功率，即可推出其余两相。

相电压：

$$U_P = \frac{U_{线}}{\sqrt{3}} \qquad U_{线}——线电压；$$

相电流：

$$I_P = \frac{U_P}{|Z|}$$

相功率因数：

$$\lambda = \cos\varphi = \frac{R}{|Z|}$$

相负载阻抗角：

$$\mathrm{arctg}\frac{X}{R}$$

其中，|Z|是每相负载的阻抗，R是每相负载中的电阻分量，X是每相负载中的电抗分量，φ是负载的阻抗角。其中，相电压和相电流均对称。

注意：

（1）负载不对称而且没有中性线时，负载两端的电压就不对称，则必将引起有的负载两端电压高于负载的额定电压；有的负载两端电压却低于负载的额定电压，负载无法正常工作。

（2）中性线的作用在于使星形连接的不对称负载的两端电压对称；不对称负载的星形联接一定要有中性线；这样，各相相互独立，一相负载的短路或开路，对其他相无影响，例如照明电路。因此，中性线（指干线）不能接上熔断器或闸刀开关。

2. 三相负载三角形连接

将三相负载首尾相接就构成三相负载三角形接法，与三角形接法的三相电源相接，组成了三相三线制，即只有三根火线，无零线。如图 1-5-9 所示。

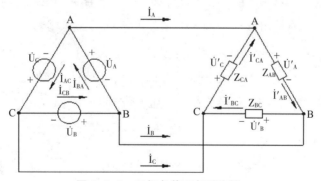

图 1-5-9　三相负载三角形连接

（1）若三角形负载各相电压分别用 $\dot{U}_A$、$\dot{U}_B$、$\dot{U}_C$ 表示，则：

$$\dot{U}_A = \dot{U}_{AB} \qquad \dot{U}_B = \dot{U}_{BC} \qquad \dot{U}_C = \dot{U}_{CA}$$

（2）若负载相电流分别用 I'_{AB}、I'_{BC}、I'_{CA} 表示，规定负载相电流的参考方向如图1-5-9所示，负载相电压与负载相电流为关联参考方向，线电流参考方向由电源参考正极指向负载，那么：

$$\dot{I}_A = \dot{I}_{AB} - \dot{I}_{CA} \qquad \dot{I}_B = \dot{I}_{BC} - \dot{I}_{AB} \qquad \dot{I}_C = \dot{I}_{CA} - \dot{I}_{BC} \qquad \dot{I}_A + \dot{I}_B + \dot{I}_C = 0$$

各相电流为：

$$\dot{I}_{AB} = \frac{\dot{U}_{AB}}{Z_{AB}} \qquad \dot{I}_{BC} = \frac{\dot{U}_{BC}}{Z_{BC}} \qquad \dot{I}_{CA} = \frac{\dot{U}_{CA}}{Z_{CA}}$$

若三角形连接负载是对称的，则负载相电流对称，线电流也对称，相线电流与相电流的关系与对称电源三角形连接时，线电流与相电流的关系类似。

（3）当三角形连接负载是对称时，其相电压与线电压，相电流与线电流的关系为：

$$U_P = U_{线} \qquad I_P = \frac{I_{线}}{\sqrt{3}} = \frac{U_P}{|Z|}$$

相功率因数为：$\lambda = \cos\varphi = \dfrac{R}{|Z|}$

相负载阻抗角为：$\varphi = \arctan\dfrac{X}{R}$

其中，$|Z|$ 为负载的阻抗；R 为每相负载的电阻分量；X 为每相负载的电抗分量；φ 为每相负载的阻抗角。

需要指出的是，不对称的三相负载作星形连接时，中线上存在电流，必须采用三相四线制或目前推荐采用的三相五线制供电，而不能采用 Δ-Y 连接法。三相四线制的优点是：它具有两组电压，例如低压配电系统的 380V 线电压与 220V 相电压，通常记为 380/220V。一般的照明电、生活用电都是 220V 的单相负载，它们接在相电压上组成星形三相负载，接成三相四线制电路；而三相电动机之类的对称三相负载则按照要求组成星形或三角形接在线电压上。

单元二

陶瓷企业安全用电

任务一　安全用电

任务教学目标	**知识目标：** （1）掌握电工作业人员的岗位要求。 （2）掌握电气安全知识。 （3）掌握电气事故发生的原因、现象。 **技能目标：** （1）能判断电气故障现象。 （2）能够分析电气事故原因。 （3）能正确地进行电工作业。 **素质目标：** 提高动手能力、学习能力、分析问题和解决问题的能力。

 知识目标

一、任务描述

在采取必要的安全措施的情况下使用和维修电工设备。电能是一种方便的能源，它的广泛应用形成了人类近代史上第二次技术革命。有力地推动了人类社会的发展，给人类创造了巨大的财富，改善了人类的生活。如果在生产和生活中不注意安全用电，也会带来灾害。例如，触电可造成人身伤亡，设备漏电产生的电火花可能酿成火灾、爆炸，高频用电设备可产生电磁污染等。

二、任务分析

通过观看视频和挂图以及 PPT 演示，叙述电气事故以及安全用电常识。

三、任务材料清单（见表 2-1-1）

表 2-1-1　需要器材清单

名称	型号	数量	备注
电气事故视频		若干	
安全用电挂图、PPT		若干	

四、安全用电相关知识

（一）电工作业人员的岗位要求和职责

1. 基本要求

电工作业是指发电、输电、变电、配电和用电装置的安装、运行、检修、试验等电工工作。电工作业包括低压运行维修作业、高压运行维修作业、矿山电工作业等操作项目。

电工作业人员是指直接从事电工作业的技术工人、工程技术人员及生产管理人员。

电工作业人员必须满足以下基本条件：

（1）年满 18 周岁。

（2）身体健康、无妨碍从事本职工作的病症和生理缺陷。

（3）具有不低于初中的文化程度和本标准所规定的相应的电工作业安全技术、电工基础理论和专业技术知识，并有一定的实践经验。

此外，从业人员还必须掌握必要的操作技能和触电急救方法。

2. 电工作业一般规定

（1）作业人员必须经专业安全技术培训考试合格，发给许可证后，持"证"上岗、操作。徒工和其他非持证电工，必须在持证电工的监护和指导下才能进行操作。

（2）应掌握电气安全知识，了解岗位责任区域的电气设备性能。熟悉触电急救方法和事故紧急处理措施。

（3）电气作业应严格遵守安全操作规程和有关制度：①工作票制度。②操作票制度。③工作许可制度。④工作监护制度。⑤工作中断、转移和终结制度。⑥调度管理制度。⑦危险作业（登高、带电、易燃易爆场所动火等）审批制度。⑧临时线审批制度。

（4）电工上岗、操作必须穿合格的绝缘鞋，必要时应戴安全帽及其他防护用品。所用绝缘用具、仪表、安全装置和工具须检查完好、可靠。禁止使用破损、失效的用具。对不同的电压等级、工作环境、工作对象，要选用参数相匹配的用具。

（5）在供、配电设备和线路上作业，必须设监护人。监护人不得从事操作或做与监护无关的事情。

（6）任何电气设备、线路未经本人验电以前，一律视为有电，不准触及。需接触操作时应切断该处的电源，经验电或经放电（对电容性设备）之后验电合格，方能接触工作。对于与供配电网络相联系的部分，除进行断电、放电、验电外，还应挂接临时接地线，开关应上锁，防止停电后突然来电。

（7）供配电回路停送电必须凭手续齐全的工作票和操作票进行。禁止约时停送电。动力配电箱的闸刀开关禁止带负荷拉闸或合闸，切断用电设备开关后，方能操作。手工合（拉）刀闸应一次推（拉）足。处理事故需拉开带负荷的动力配电箱闸刀开关时，应采用绝缘工具，戴绝缘手套和防护眼镜或采取其他防止电弧烧伤和触电的措施。

（8）未经电气技术负责人许可和批准改造电气设施的结构之前，电工不得改变电气设施的原有接线方式和结构。

（9）各种电气接线的接头要保证导通接触面积不低于导线截面积。应尽可能采用紧固的压接或用工具扎接，不应用手扭接。线关不应突出，接头不得松动。防止带电体碰解屏护引起事故。

（10）电动工具应遵守有关电动工具安全操作规程。使用行灯必须采用由隔离变压器供电的安全电压电源。

（11）工作结束，应认真把电气设备使用方面问题向接班人员认真交接清楚。必要时，将有关事宜载入交接班记录。

（二）陶瓷企业电工作业人员的岗位职责

（1）负责本公司、本车间的高、低压线路、电机和电气设备的安装、修理与保养工作。

（2）认真学习和掌握先进的电力技术，熟悉所辖范围内的电力、电气设备的用途、构造、原理、性能及操作维护保养内容。

（3）严格遵守部颁电路技术规程与安全规程，保证安全供电，保证电气设备正常运转。

（4）经常深入现场，巡视检查电气设备状况及其安全防护，倾听操作工的意见，严禁班上睡觉。

（5）认真填写电气设备大、中修记录（检修项目、内容、部位、所换零部件、日期、工时、备件材料消耗等项），积累好原始资料。

（6）按试车要求参加所修设备的大、中修的试车验收工作。

（7）掌握所使用的工具、量具、仪表的使用方法并精心保管，节约使用备件、材料、油料。搞好文明生产，做好交接班记录。

（三）电气事故案例

随着生活用电的广泛，发生用电事故的机会也相应增加。每天都有触电事故和电气事故发生，造成的损失非常巨大，难以统计。几种常见的触电事故如表2-1-2所示。

表2-1-2　常见的触电事故

事故原因	图　　示
私自乱拉、乱接电线，盲目安装和修理使用电气设备或电器用具	

续表

事故原因	图　　示
室外电线乱拉乱接，乱接天线	
建筑施工离电线太近，违章操作。工人应增强安全用电常识和自我保护意识	
施工设备应按规定与高压电线保持距离，不得违章操作，应按规定程序操作施工	
应定期检查、维护和保养设备。电工作业人员必须经培训后持证上岗，操作人员应掌握用电保护意识	

（四）电流对人体的危害

人体组织中有60%以上是由导电物质的水组成，当人体接触设备带电部分并形成电流通路时，就会有电流流过人体，导致触电。心脏是人体最受威胁的器官，通过心脏的电流越大，时间越长，对人体的损伤就越大。

1. 触电

触电是电击伤的俗称，通常是指人体直接触及电源或高压电经过空气或其他导电介质传递电流通过人体时引起的组织损伤和功能障碍，重者发生心跳和呼吸骤停。超过1000V的高压电还可引起灼伤。闪电损伤（雷击）属于高压电损伤范畴。

（1）电击伤。当人体接触电流时，轻者立刻出现惊慌、呆滞、面色苍白，接触部位肌肉收缩，且有头晕、心动过速和全身乏力。重者出现昏迷、持续抽搐、心室纤维颤动、心跳和呼吸停止。有些严重电击患者当时症状虽不重，但在1小时后可突然恶化。有些患者触电后，心跳和呼吸极其微弱，甚至暂时停止，处于"假死状态"，因此要认真鉴别，对触电患者不可轻易放弃抢救。

（2）电热灼伤。电流在皮肤入口处灼伤程度比出口处重。灼伤皮肤呈灰黄色焦皮，中心部位低陷，周围无肿、痛等炎症反应。但电流通路上软组织的灼伤常较为严重。肢体软组织大块被电灼伤后，其远端组织常出现缺血和坏死，血浆肌球蛋白增高和红细胞膜损伤引起的血浆游离血红蛋白增高均可引起急性肾小管坏死性肾病。

（3）闪电损伤。当人被闪电击中，心跳和呼吸常立即停止，伴有心肌损害。皮肤血管收缩呈网状图案是闪电损伤的特征，继而出现肌球蛋白尿，其他临床表现与高压电损伤相似。

2. 安全电压及电流

安全电压是指不使人直接致死或致残的电压，一般环境条件下允许持续接触的"安全特低电压"是36V。如表2-1-3所示。

表2-1-3　电流对人体触电的影响

类型	定义	直流电（平均值）
感知电流	人体有感觉的最小电流	小于5mA
摆脱电流	人体触电后能自主摆脱电源的最大电流	小于50mA
致命电流	在较短时间内，危及人体生命的最小电流	大于50mA

续表

电流（mA）	50Hz 交流电	直流电
0.6~1.5	手指开始感觉发麻	无感觉
2~3	手指感觉强烈发麻	无感觉
5~7	手指肌肉感觉痉挛	手指灼热感和刺痛
8~10	手指关节与手掌感觉痛，手已难以脱离电源，但尚能摆脱电源	灼热感增加
20~25	手指感觉剧痛，迅速麻痹，不能摆脱电源，呼吸困难	灼热感更加强烈，手的肌肉开始痉挛
50~80	呼吸麻痹，心房开始震颤	强烈灼痛，手的肌肉痉挛，呼吸困难
90~100	呼吸麻痹，持续3分钟或更长时间后，心脏麻痹或心房停止跳动	呼吸麻痹

以工频电流为例，当 1mA 左右的电流通过人体时，会产生麻刺等不舒服的感觉。10~30mA 的电流通过人体时，会产生麻痹、剧痛、痉挛、血压升高、呼吸困难等症状，但通常不致有生命危险；电流达到 50mA 以上时，就会引起心室颤动而有生命危险；100mA 以上的电流，足以致人死亡。

人体阻抗取决于一定因素，特别是电流路径、接触电压、电流的持续时间和频率、皮肤潮湿度、接触面积、施加的压力和温度等。在工频电压下，人体的阻抗随接触面积增大、电压愈高，而变得愈小。正常情况下人体在 50/60Hz 交流电时，成人的人体阻抗在 1000Ω 左右。

安全电压的等级分为 42V、36 V、24 V、12 V、6 V。当电源设备采用 24 V 以上的安全电压时，必须采取防止可能直接接触带电体的保护措施。因为，尽管是在安全电压下工作，一旦触电虽然不会导致死亡，但是如果不及时摆脱，时间长了也会产生严重后果。另外，由于触电的刺激可能引起人员坠落、摔伤等二次性伤亡事故。

在潮湿环境下，人体的安全电压为 12V。正常情况下人体的安全电压不超过50V。当电压超过 24V 时应采取接地措施。

（五）触电形式

形式	触电情况	危险程度	图　示
单相触电（变压器中性点接地）	电流从一根相线经过电气设备、人体再经大地流到中性点。此时加在人体上的电压是相电压	若绝缘良好，一般不会发生触电危险；若绝缘被破坏或绝缘很差，就会发生触电事故	
单相触电（变压器中性点没有接地）	在 1000V 以下，人触到任何一相带电体时，电流经电气设备，通过人体到另外两根相线的对地绝缘电阻和分布电容而形成回路 在 6k~10kV 高压侧中性点不接地系统中，电压高，所以触电电流大	触电电流大，几乎是致命的，加上电弧灼伤，情况更为严重	
两相触电	人体同时接触两根火线所造成的触电为两相触电	由于在电流回路中只有人体电阻，所以两相触电非常危险。触电者即使穿着绝缘鞋或站在绝缘台上也起不到保护作用	

形式	触电情况	危险程度	图　示
跨步电压触电	输电线断线落地或运行中的电气设备因绝缘损坏漏电时，电流经过接地体向大地作中环形流散，并在落地点或接地体周围地面产生强大电场。当有人走过落地点周围时，其两脚之间的电位差称为跨步电压。跨步电压触电时，电流从人的一只脚经下身通过另一只脚流入大地形成回路	电场强度随离断线落地点距离的增加而减小。距断线点 1 m 范围内，约有 60% 的电压降；距断线点 2~10m 范围内，约有 24% 的电压降；距断线点 11~20m 范围内，约有 8% 的电压降	 跨步电压

技能目标

实施步骤如图 2-1-1 所示。

情景模拟 → 看视频叙述 → 看挂图叙述 → 理论测试 → 考核评分

图 2-1-1　实施步骤

表 2-1-4　工作任务过程训练评价表

序号	项目内容	配分	评分标准	扣分	得分
1	看视频叙述	30	表达不清楚，扣 10 分 不能正确分辨原因，扣 20 分		
2	看挂图叙述	30	表达不清楚，扣 10 分 不能正确分辨原因，扣 20 分		
3	理论测试	40	错误 1 处，扣 5 分 漏答 1 处，扣 5 分		
10	安全文明生产		违反安全文明操作规程酌情扣分		

知识检测

（1）电工作业人员要求年满多少岁？

（2）人体电阻一般情况下是多少？

（3）触点的危害是什么？

（4）安全电压额定值是多少？

（5）摆脱电流是多少？

任务二　触电急救

任务教学目标

知识目标：

（1）掌握触电急救的步骤和方法。

（2）掌握人工呼吸急救和胸外心脏挤压法。

技能目标：

（1）能根据触电情况解救触电者脱离电源。

（2）能够对触电人员采用急救方法进行急救。

（3）能正确地实施人工呼吸急救和胸外心脏按压法。

素质目标：

培养动手能力、学习能力、分析事情和解决问题的能力。

 知识目标

一、任务描述

在陶瓷企业里，很多的电气设备都在运行，无论是操作人员还是电气人员都必须接触和使用这些设备，发生用电事故的概率始终存在，因此，发生用电事故是必须面对的一个安全问题。如果设备操作人员发生了触电事故，作为一名电气从业人员就必须能够及时处理，切实履行电气人员的职责，进行触电急救。

二、任务分析

触电急救必须分秒必争，立即就地用心肺复苏法进行抢救，并坚持不断地进行，同时及早与医疗部门联系，争取医务人员接替救治。在医务人员未接替救治前，不应放弃现场抢救，更不能只根据没有呼吸或脉搏就判定伤员死亡而放弃抢救。只有医生有权做出伤员死亡的诊断。

三、任务材料清单（见表2-2-1）

表 2-2-1　需要器材清单

名称	型号	数量	备注
心肺复苏护理人模型		1 套	
无菌生理盐水纱布		若干	

四、触电急救相关知识

（一）脱离电源

触电急救，首先要使触电者迅速脱离电源，越快越好。因为电流作用的时间越长，伤害越重。

（1）脱离电源就是要把触电者接触的那一部分带电设备的开关、刀闸或其他断路设备断开；或设法将触电者与带电设备脱离。在脱离电源中，救护人员既要救人，也要注意保护自己。

（2）触电者未脱离电源前，救护人员不准直接用手触及伤员，因为有触电的危险。

（3）如触电者处于高处，解脱电源后会自高处坠落，因此，要采取预防措施。

（4）触电者触及低压带电设备，救护人员应设法迅速切断电源，如拉断电源开关或刀闸，拔除电源插头等；使用绝缘工具、干燥的木棒、木板、绳索等不导电的东西解脱触电者；可抓住触电者干燥而不贴身的衣服，将其拖开，切记要避免碰到金属物体和触电者的裸露身躯；可戴绝缘手套或将手用干燥衣物等包起绝缘后解脱触电者；可站在绝缘垫上或干木板上，绝缘自己进行救护。为使触电者与导电体解脱，最好用一只手进行。

（5）如果电流通过触电者入地，并且触电者紧握电线，可设法用干木板塞到其身下，与地隔离，也可用干木把斧子或有绝缘柄的钳子等将电线剪断。剪断电线要分相，一根一根地剪断，并尽可能站在绝缘物体或干木板上。

（6）触电者触及高压带电设备，救护人员应迅速切断电源，或用适合该电压等级的绝缘工具（戴绝缘手套、穿绝缘靴并用绝缘棒）解脱触电者。救护人员在抢救过程中应注意自身与周围带电部分保持必要的安全距离。

（7）如果触电发生在架空线杆塔上，如系低压带电线路，若可能立即切断线路电源的，应迅速切断电源，或者由救护人员迅速登杆，束好自己的安全皮带后，用带绝缘胶柄的钢丝钳、干燥的不导电物体或绝缘物体将触电者拉离电源；如系高压带电线路，又不可能迅速切断电源开关的，可采用抛挂足够截面的、适当长度的金属短路线方法，使电源开关跳闸。抛挂前，将短路线一端固定在铁塔或接地引下线上，另一端系重物，但抛掷短路线时，应注意防止电弧伤人或断线危及人员安全。不论在何级电压线路上触电，救护人员在使触电者脱离电源时要注意防止发生高处坠落的可能和再次触及其他有电线路的可能。

（8）如果触电者触及断落在地上的带电高压导线，且尚未确证线路无电，救护人员在未做好安全措施（如穿绝缘靴或临时双脚并紧跳跃地接近触电者）前，不能接近断线点 8~10m 范围，防止跨步电压伤人。触电者脱离带电导线后应迅速带至 8~10m 以外并立即开始触电急救。

（9）救护触电伤员切除电源时，会同时使照明失电，因此应考虑事故照明、应急灯等临时照明。新的照明要符合使用场所防火、防爆的要求，但不能因此延误切除电源和进行急救。

（二）脱离电源后的处理

1. 伤员的应急处置

触电伤员如神志清醒，应使其就地躺平，严密观察，暂时不要站立或走动。

触电伤员如神志不清，应就地仰面躺平，且确保气道通畅，并用 5s 时间，呼叫伤员或轻拍其肩部，以判定伤员是否意识丧失。禁止摇动伤员头部呼叫伤员。

需要抢救的伤员，应立即就地坚持正确抢救，并设法联系医疗部门接替救治。

2. 呼吸、心跳情况的判定

触电伤员如意识丧失，应在 10s 内，用看、听、试的方法判定伤员呼吸心跳情况，如图 2-2-1 所示。

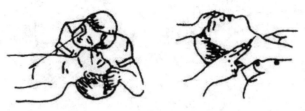

图 2-2-1　判断呼吸、心跳情况

看——看伤员的胸部、腹部有无起伏动作；

听——用耳贴近伤员的口鼻处，听有无呼气声音；

试——试测口鼻有无呼气的气流。再用两手指轻试一侧（左或右）喉结旁凹陷处的颈动脉有无搏动。

若看、听、试，结果既无呼吸又无颈动脉搏动，可判定呼吸心跳停止。

（三）心肺复苏法

触电伤员呼吸和心跳均停止时，应立即按心肺复苏法支持生命的三项基本措施，即采用胸外按压（人工循环）、通畅气道、口对口（鼻）人工呼吸，进行就地抢救。

1. 通畅气道

（1）如触电伤员呼吸停止，此时最重要的是始终确保气道通畅。如发现触电伤员口内有异物，可将其身体及头部同时侧转，迅速用一个手指或用两个手指交叉从口角处插入，取出异物。操作中要注意防止将异物推到咽喉深部。

（2）通畅气道可采用仰头抬颏法，如图 2-2-2 所示。

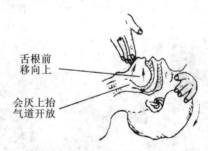

舌根前
移向上

会厌上抬
气道开放

图 2-2-2　仰头抬颏法

用一只手放在触电者前额，另一只手的手指将其下颌骨向上抬起，两手协同将头部向后仰，舌根随之抬起，气道即可通畅。严禁用枕头或其他物品垫在伤员头下，这样头部抬高前倾会加重气道阻塞，且使胸外按压时流向脑部的血流减少甚至消失，如图 2-2-3 所示。

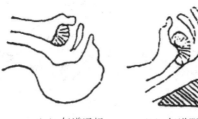

（a）气道通畅　　（b）气道阻塞

图 2-2-3　气道状况

2. 口对口（鼻）人工呼吸

（1）在保持伤员气道通畅的同时，救护人员用放在伤员额上的手的手指捏住伤员鼻翼，救护人员深吸气后，与伤员口对口紧合，在不漏气的情况下，先连续大口吹气两次，每次 1~1.5 s。如两次吹气后试测颈动脉仍无搏动，可判定心跳已经停止，要立即同时进行胸外按压。如图 2-2-4~图 2-2-7 所示。

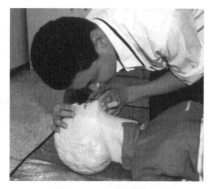

图 2-2-4　捏鼻吸气

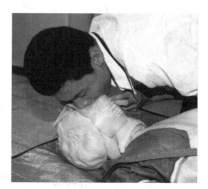

图 2-2-5　吹气

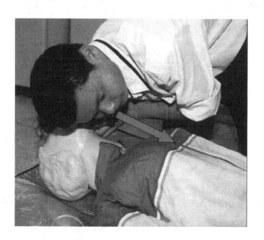

图 2-2-6　观察胸腔

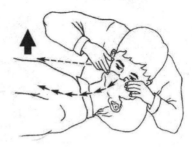

图 2-2-7 视线要点

（2）除开始时大口吹气两次外，正常口对口（鼻）呼吸的吹气量不需过大，以免引起胃膨胀。吹气和放松时要注意伤员胸部应有起伏的呼吸动作。吹气时如有较大阻力，可能是头部后仰不够，应及时纠正。

（3）触电伤员如牙关紧闭，可口对鼻人工呼吸。口对鼻人工呼吸吹气时，要将伤员嘴唇紧闭，防止漏气。

3. 胸外按压

（1）正确的按压位置是保证胸外按压效果的重要前提。确定正确按压位置的步骤为：

1）右手的食指和中指沿触电伤员的右侧肋弓下缘向上，找到肋骨和胸骨接合处的中点。

2）两手指并齐，中指放在切迹中点（剑突底部），食指平放在胸骨下部。

3）另一只手的掌根（见图 2-2-8）紧挨食指上缘，置于胸骨上，即为正确按压位置，如图 2-2-9 所示。

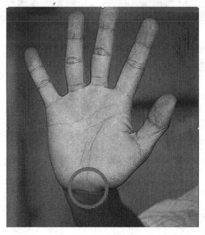

图 2-2-8 掌跟部位

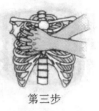

第一步　　　　　　　　第二步　　　　　　　　第三步

图 2-2-9　寻找正确按压位置

（2）按压姿势。正确的按压姿势是达到胸外按压效果的基本保证：使触电伤员仰面躺在平硬的地方，救护人员立或跪在伤员一侧肩旁，救护人员的两肩位于伤员胸骨正上方，两臂伸直，肘关节固定不屈，两手掌根相叠，手指翘起，不接触伤员胸壁；以髋关节为支点，利用上身的重力，垂直将正常成人胸骨压陷 3~5 cm（儿童和瘦弱者酌减）；压至要求程度后，立即全部放松，但放松时救护人员的掌根不得离开胸壁。按压必须有效，有效的标志是按压过程中可以触及颈动脉搏动，如图 2-2-10 所示。

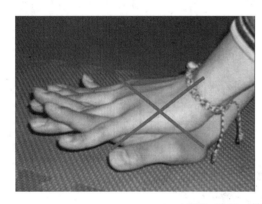

图 2-2-10　按压动作对比

（3）操作频率。胸外按压要以均匀速度进行，每分钟 80 次左右，每次按压和放松的时间相等。

胸外按压与口对口（鼻）人工呼吸同时进行，其节奏为单人抢救时，每按压 15 次后吹气 2 次（15：2），反复进行；双人抢救时，每按压 5 次后由另一人吹气 1 次（5：1），反复进行。

（四）抢救过程中的再判定

（1）按压吹气 lmin 后（相当于单人抢救时做了 4 个 15：2 压吹循环），应用看、听、试方法在 5~7s 时间内完成对伤员呼吸和心跳是否恢复的再判定。

（2）若判定颈动脉已有搏动但无呼吸，则暂停胸外按压，而再进行 2 次口对口人工呼吸，接着每 5s 吹气一次（即每分钟 12 次）。如脉搏和呼吸均未恢复，则继续坚持心肺复苏法抢救。

（3）在抢救过程中，要每隔数分钟再判定一次，每次判定时间均不得超过 5~7s。在医务人员未接替抢救前，现场抢救人员不得放弃现场抢救。

（五）抢救过程中伤员的移动、转移与伤员好转后的处理

（1）心肺复苏应在现场就地坚持进行，不要为方便而随意移动伤员，如确有需要移动时，抢救中断时间不应超过 30s。

（2）移动伤员或将伤员送医院时，除应使伤员平躺在担架上并在其背部垫以平硬阔木板，移动或送医院过程中应继续抢救，心跳呼吸停止者要继续心肺复苏法抢救，在医务人员未接替救治前不能中止。

（3）应创造条件，用塑料袋装入砸碎冰屑做成帽状包绕在伤员头部，露出眼睛，使脑部温度降低，争取心肺脑完全复苏。

（4）如伤员的心跳和呼吸经抢救后均已恢复，可暂停心肺复苏法操作。但心跳呼吸恢复的早期有可能再次骤停，应严密监护，不能麻痹，要随时准备再次抢救。

（5）初期恢复后，神志不清或精神恍惚、躁动，应设法使伤员安静。

 技能目标

实施步骤如图 2-2-11 所示。

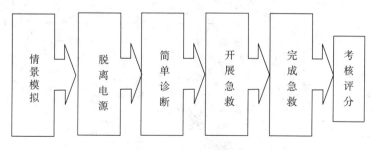

图 2-2-11　实施步骤

表 2-2-2　工作任务过程训练评价表

序号	项目内容	配分	评 分 标 准	扣分	得分
1	仰卧姿势、呼救	5	（1）有呼唤被触电者动作——2.5 分 （2）有摆好手脚等动作——2.5 分		
2	检查有无呼吸、心跳	5	（1）手指或耳朵检测有无呼吸——2.5 分 （2）把脉位置正确——2.5 分		
3	检查口中有无异物、松开衣物、站位	5	（1）口中有无异物——2 分 （2）松开紧身衣物——2 分 （3）站位正确——1 分		
4	畅通气道	15	（1）打开气道方法正确、一手扶颈一手抬额头——2.5 分 注意：此步动作正确才可做下一步，否则要再打开气道而且第一次打开气道不成功，扣 1 分；第二次打开气道不成功，扣 3 分（即每打开一次气道不成功，多扣 2 分） （2）试吹气，眼睛要有观察胸部的动作——5 分		
5	口对口人工呼吸抢救过程	25	（1）呼吸动作——5 分 （2）有捏鼻子动作——5 分 （3）吹气长短及气量合适——5 分 （4）有松鼻子动作——5 分 （5）时间节奏、次数合适——5 分		
6	找压力点	5	能一次正确找到压力点——5 分（每错 1 次扣 2.5 分）		
7	姿势正确	5	（1）手臂直——2.5 分 （2）用掌根——2.5 分		
8	按压动作	30	（1）按压力度大小合适（以显示为准）——15 分（每错 1 次扣 1 分） （2）按压方向垂直——5 分 （3）稍带冲击力按压，然后迅速松开——5 分 （4）频率每分钟 80~100 次——5 分		
9	协调性	5	整个过程连贯、协调——5 分		
10	安全文明生产		违反安全文明操作规程酌情扣分		

知识检测

（1）影响电对人体伤害程度的因素有哪些？

（2）发生触电事故的主要原因有哪些？

（3）触电急救的基本原则是什么？

（4）正确使触电者脱离电源的方法是什么？

（5）预防电气事故的发生应采取哪些措施？

单元三

陶瓷企业照明电路

任务一　常用照明

任务教学目标	知识目标：
	（1）掌握照明设备的结构及接线原理。
	（2）掌握常用照明线路导线截面的选择。
	（3）掌握常用照明灯具的用途。
	技能目标：
	（1）能根据使用环境正确选用照明光源。
	（2）能正确使用电工常用工具。
	（3）能按规范安装照明电路。
	素质目标：
	培养动手能力、学习能力、分析故障和解决问题的能力。

 知识目标

一、任务描述

在陶瓷生产过程中很多地方都使用照明，不同场合对照明装置和线路安装的要求不同。电气照明及配电线路的安装与维修，一般包括照明灯具安装，配电板安装和配电线路敷设与检修几项内容。本次任务是在包装线上安装 1 盏 40W 的节能灯和 1 盏 40W 的日光灯，安装方式为明线吊装，节能灯由一个单联开关控制。日光灯采取两地控制的方式。

二、任务分析

电气照明是工厂供电的一个组成部分，良好的照明是保证安全生产、提高劳动生产率和保护工作人员视力健康的必要条件。

本次任务需要解决的问题：①为了获得良好的照度，节能灯和日光灯应如何合理布置。②导线如何选择。③线路如何敷设才能更节约导线。④灯具应距离地面多高。

三、任务材料清单（见表 3-1-1）

表 3-1-1　需要器材清单

名称	型号	数量	备注
白炽灯（节能灯）	40W	1	
灯座	螺口或卡口	1	
日光灯	40W	1	
单联开关		1	
双联开关		4	
导线		若干	
明线槽	39×19	若干	

四、相关知识

（一）照明光源的选择

选择照明光源应考虑到各种光源的优缺点，使用场所、额定电压以及照度的需要等方面。

灯具是人们从事生产和生活所需要的照明器具，目前人们所常用的灯具主要有节能灯、荧光灯、卤钨灯、高压汞灯、高压钠灯、卤化物灯、氙气灯等。常用灯具的特点及使用场所如表 3-1-2 所示。

表 3-1-2　常用灯具的特点及适用场所

光源	类别	图形	优点	缺点	适用场所
热辐射光源	白炽灯		构造简单，使用可靠，安装维修方便，无电磁波干扰	发光效率低，经不起振动，寿命相对较短	居室、办公室、车间仓库等
	卤钨灯		构造简单，使用可靠，光色好，体积小，安装维修方便	发光效率较低，灯管温度高	舞台等
气体放电光源	节能灯		光效高，寿命长，显色好，体积小巧，造型美观，使用简便	价格比白炽灯稍贵，另外因为有二极管、电容等电子元件，会产生谐波对电网有害	居室、办公室、车间、仓库等
	荧光灯		光色好，效率高，寿命长	功率因数低，结构复杂，工作不稳定，电压低时难启动	居室、办公室等
	高压汞灯		耐震，耐热，效率高	启动时间长，工作不稳定，易自熄	工厂、车间和路灯
	高压钠灯		光效高，寿命长，透雾性强	显色性差，工作不稳定，易自熄	街道、广场、车站、港口、码头等
	金属卤化物灯		光效高，光色好，体积小	紫外线辐射较强	广场、码头和车站等大面积照明

（二）额定电压的选择

电灯额定电压的选择，主要应从人身安全的角度来考虑。

（1）照明网络一般采用 220/380V 三相四线制中性点直接接地系统，灯用电压一般为 220V。当需要采用直流应急照明电源时，其电压可根据容量大小、使用要求来确定。

（2）安全电压限值有两档：正常环境 50V，潮湿环境 25V，安全特低电压网络标称电压及设备额定电压不应超过此限值。

目前，我国常用于正常环境的手提行灯电压为 36V。在不便于工作的狭窄地点，且工作者接触有良好接地的大块金属面（如在锅炉、金属容器内）时，用电压 12V 的手提行灯。

（3）在特别潮湿、高温、有导电灰尘或导电地面（如金属或其他特别潮湿的土、砖、混凝土地面等）等场所，当灯具安装高度距地面为 2.4m 及以下时，容易触及的固定式或移动式照明器的电压可选用 24V 或采取其他防电击措施。

（三）导线截面的选择

1. 选择导线的原则

（1）近距离和小负荷按发热条件选择导线截面（安全载流量），用导线的发热条件控制电流，截面积越小，散热越好，单位面积内通过的电流越大。

（2）远距离和中等负荷在安全载流量的基础上，按电压损失条件选择导线截面，远距离和中负荷仅不发热是不够的，还要考虑电压损失，要保证到负荷点的电压在合格范围，这样电器设备才能正常工作。

（3）大挡距和小负荷还要根据导线受力情况，考虑机械强度问题，要保证导线能承受拉力。

（4）大负荷在安全载流量和电压降合格的基础上，按经济电流密度选择，就是还要考虑电能损失，电能损失和资金投入要在最合理的范围。

2. 导线的安全载流量

为了保证导线长时间连续运行所允许的电流密度称安全载流量。一般铜线安全计算方法是：

2.5mm^2 铜电源线的安全载流量——28A

4mm^2 铜电源线的安全载流量——35A

6mm^2 铜电源线的安全载流量——48A

10mm² 铜电源线的安全载流量——65A

16mm² 铜电源线的安全载流量——91A

25mm² 铜电源线的安全载流量——120A

如果是铝线，线径要取铜线线径的 1.5~2 倍。

如果铜线电流小于 28A，按每 mm² 10A 来取；如果铜线电流大于 120A，按每 mm² 5A 来取。

安全载流量还要根据导线的芯线使用环境的极限温度、冷却条件、敷设条件等综合因素决定。

(四) 常用照明灯具

1. 节能灯照明线路

(1) 灯具。

1) 节能灯。节能灯是一种紧凑型、自带镇流器的日光灯，如图 3-1-1 所示，节能灯点燃时首先经过电子镇流器给灯管灯丝加热，灯丝开端发射电子（由于在灯丝上涂了一些电子粉），电子碰撞充装在灯管内的氩原子，氩原子碰撞后取得了能量又撞击内部的汞原子，汞原子在吸收能量后跃迁产生电离，灯管内构成等离子态。

图 3-1-1　节能灯

灯管两端电压直接经过等离子态导通并发出 253.7nm 的紫外线，紫外线激起荧光粉发光，由于荧光灯工作时灯丝的温度在 1160K 左右，比白炽灯 2200~2700K 的工作温度低很多，所以它的寿命达 5000 小时以上，由于它运用效率较高的电子镇流器，同时不存在白炽灯那样的电流热效应，荧光粉的能量转换效率高，达到每瓦50lm 以上，所以节约电能。灯头有插口式和螺口式两种。一般家庭最常见的是E27，也叫大头螺口；有一些灯具是 E14 的，叫小头螺口，这两个是国内最常见的节能灯接口。之前还有 B22，也就是卡进去的那种，也叫卡口，在农村常见，但现在已经慢慢被淘汰了。还有一些工业上用得比较多的 E40，80W 以上的节能灯才会用到，就是接口比较粗。

2）灯座。灯座又称灯头，品种较多，常见的灯座如图 3-1-2 所示。可按使用场所进行选择。

图 3-1-2　常用灯座

3）开关。开关的品种很多，常见的开关如图 3-1-3 所示。

图 3-1-3　常用开关

（2）照明灯控制常有两种基本形式。一种是用一只单联开关控制一盏灯，其电路如图 3-1-4 所示。接线时，开关应接在相线上，这样在开关切断后，灯头就不会带电，以保证使用和维修的安全。

另一种是用两只双联开关，在两个地方控制一盏灯，其电路如图 3-1-5 所示。这种形式通常用于楼梯或走廊上，在楼上楼下或走廊两端均可控制灯的接通和断开。

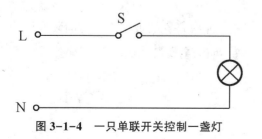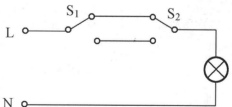

图 3-1-4　一只单联开关控制一盏灯　　　图 3-1-5　两只双联开关控制一盏灯

2. 日光灯照明线路

日光灯发光效率高、使用寿命长、光色较好、经济省电，故被广泛使用。日光灯按功率分，有 6W、8W、15W、20W、30W、40W 等；按外形分，常用的有直管形、U 形、环形、盘形等；按发光颜色分，有日光色、冷光色、暖光色和白光色等。

（1）日光灯的结构。日光灯又称荧光灯，由灯管、启辉器、镇流器、灯座和灯架等部件组成。

1）日光灯管的两端各有一个灯丝，灯管内充有微量的氩气和稀薄的汞蒸气，灯管内壁上涂有荧光粉。两个灯丝之间的气体导电时发出紫外线，使涂在管壁上的荧光粉发出可见光。如图 3-1-6 所示。

图 3-1-6　日光灯管

2）镇流器。镇流器是一个带铁心的线圈，自感系数很大。图 3-1-7（a）是电子式镇流器，图 3-1-7（b）是最初使用的电感式镇流器。

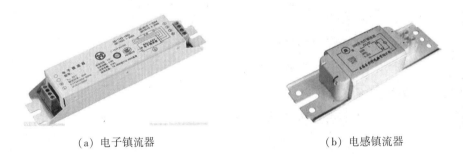

（a）电子镇流器　　　　　　　　　　　（b）电感镇流器

图 3-1-7　镇流器

3）启辉器（即启动器）。启辉器主要是一个充有氖气的玻璃泡，里面装有两个电极，一个是静触片，一个是由两个膨胀系数不同的金属制成的 U 形动触片（双金属片——当温度升高时，因两个金属片的膨胀系数不同，导致其向膨胀系数低的一侧弯曲），如图 3-1-8 所示。

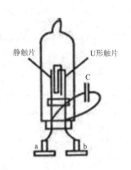

图 3-1-8　启辉器

4）灯座。灯座有开启式和弹簧式（也叫插入式）两种。

5）灯架。规格应配合灯管长度使用。

（2）日光灯的工作原理。闭合开关接通电源后，电源电压经镇流器、灯管两端的灯丝加到启辉器的 U 形动触片和静触片之间，引起辉光放电。放电时产生的热量使得用双金属片制成的 U 形动触片膨胀并向外伸展，与静触片接触，使灯丝预热并发射电子。在 U 形动触片与静触片接触时，二者间电压为零而停止辉光放电，U 形动触片冷却收缩并复原而与静触片分离，动、静触片断开的瞬间，在镇流器两端产生一个比电源电压高得多的感应电动势，感应电动势与电源电压串联后加在灯管两端，使灯管内惰性气体被电离而引起弧光放电。随着灯管内温度升高，液态汞汽化游离，引起汞蒸气弧光放电而发生肉眼看不见的紫外线，紫外线激发灯管内壁的荧光粉后，发出近似日光的可见光。

镇流器的作用，除了产生感应电动势外，还有两个作用：一是在灯丝预热时限制灯丝所需的预热电流，防止预热电流过大而烧坏灯丝，保证灯丝电子的发射能力。二是在灯管启辉后，维持灯管的工作电压和限制灯管的工作电流在额定值，以保证灯管稳定工作。

启辉器内电容器的两个作用：一是与镇流器线圈形成 LC 振荡电路，延长灯丝的预热时间和维持感应电动势。二是吸收干扰收音机和电视机的交流杂音。当电容击穿时，剪除后，启辉器仍能使用。

（3）图 3-1-9（a）为使用电子镇流器的接线原理，图 3-1-9（b）为使用电感式镇流器的接线原理。

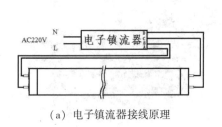
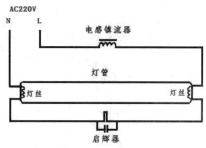

（a）电子镇流器接线原理　　　　　　（b）电感式镇流器接线原理

图 3-1-9　日光灯接线

 技能目标

一、工艺要求

照明灯具安装的一般要求：各种灯具、开关、插座及所有附件，都必须安装牢固可靠，应符合规定的要求。壁灯及吸顶灯要牢固地敷设在建筑物的平面上；吊灯必须装有吊线盒，每只吊线盒一般只允许装一盏电灯（双管日光灯和特殊吊灯除外），日光灯和较大的吊灯必须采用金属链条或其他方法支持。灯具与附件的连接必须正确可靠。

二、任务实施

步骤一：根据任务描述，查找相关知识，获取知识并画出相应的照明控制线路，确定安装导线截面，确定所用灯具和开关等物品数量，估算导线长度。

步骤二：清点物品数量及检查质量。

步骤三：画出照明灯具的布置图，编写工作计划。

步骤四：按照编写好的工作计划安装照明电路。

步骤五：将安装好的照明电路交付用户使用。

步骤六：评价。

三、评价表

表 3-1-3 工作任务过程训练评价表

序号	工作过程	工作内容	评分标准	配分	学生自评		教师	
					扣分	得分	扣分	得分
1	资讯	相关知识查找	查找相关知识，初步了解 基本掌握相关知识 较好地掌握相关知识	10				
2	决策	确定方案，编写计划	制订整体设计方案，修改一次扣 2 分；修改两次扣 5 分	10				
3	实施	记录步骤	实施中步骤记录不完整达到 10%，扣 2 分 实施中步骤记录不完整达到 30%，扣 3 分 实施中步骤记录不完整达到 50%，扣 5 分	10				
4	结果评价	元件安装	不观察元件外壳好坏，扣 2 分；元件安装不牢固，扣 3 分	5				
		布线工艺	导线凌乱、交叉，每个扣 2 分 线头裸露过长或压绝缘层，扣 2 分 导线安装松动，每个扣 2 分	10				
		通电	一次通电不成功，扣 15 分 二次通电不成功，扣 30 分 三次通电不成功，扣 45 分	45				
5	职业规范，团队合作	安全文明生产，交流合作，组织协调	不遵守教学场所规章制度，扣 2 分 出现重大事故或人为损坏设备，扣 10 分 出现短路故障，扣 5 分 实训后不清理、清洁现场，扣 3 分	10				
合计				100				

学生自评：

签字　　　　日期

教师评语：

签字　　　　日期

知识检测

单项选择题

1. 白炽灯的工作原理是利用 （ ）。

  A. 电磁感应原理   B. 电流的热效应   C. 电流的磁效应   D. 化学效应

2. 白炽灯正常工作时，白炽灯的额定电压应 （ ） 供电电压。

  A. 大于   B. 小于   C. 等于   D. 略低于

3. 安装白炽灯的关键是灯座，开关要 （ ） 联，（ ） 要进开关，（ ） 要进灯座。

  A. 并、相、中性   B. 并、中性、相

  C. 串、中性、相   D. 串、相、中性

4. 额定电压都是 220V 的 40W、60W、100W 三只白炽灯串联在 220V 的电源中，它的发热量由大到小排列为 （ ）。

  A. 100W、60W、40W   B. 40W、60W、100W

  C. 100W、40W、60W   D. 60W、100W、40W

5. 三相四线制供电系统中，相线线间电压等于 （ ）。

  A. 零电压   B. 相电压   C. 线电压   D. 1/2 线电压

6. 保护接地指的是电网的中性点不接地，设备外壳 （ ）。

  A. 不接地   B. 接地   C. 接零   D. 接地或接零

7. 下列电源相序是正相序的是 （ ）。

  A. UVW   B. WVU   C. UWV   D. VUW

8. 三相负载的连接方式有 （ ） 种。

  A. 4   B. 3   C. 2   D. 1

9. 某用电器一天 （24h） 用电 12 度，此用电器功率为 （ ）。

  A. 4.8kW   B. 0.5 kW   C. 2 kW   D. 2.4 kW

10. 安装螺口白炽灯时，相线必须经开关接到螺口灯座的 （ ） 上。

  A. 螺口接线端   B. 中性接线端

  C. 螺口接线端或中性接线端   D. 螺口接线端和中性接线端

11. 日光灯镇流器的主要作用是 （ ）。

A. 整流、限流

B. 整流、产生脉冲电势

C. 产生脉冲电势、消除无线设备干扰

D. 限流、产生脉冲电势

12. 镇流器的实质就是（　　）。

A. 整流堆

B. 限流电阻

C. 电容器

D. 带铁心的电感线圈

13. 车间内移动照明灯具的电压应选用（　　）。

A. 380V

B. 220V

C. 110V

D. 36V 以下

任务二　防爆照明

任务教学目标

知识目标：

（1）掌握爆炸和火灾危险环境、危险区域的划分。

（2）掌握防爆电气设备的类型和标志。

（3）掌握防爆的基本原理。

技能目标：

（1）能根据使用环境正确选用防爆照明光源。

（2）能检测出防爆照明灯具的好坏。

（3）能按规范安装防爆照明电路。

素质目标：

培养动手能力、学习能力、分析故障和解决问题的能力。

 知识目标

一、任务描述

球磨生产车间因生产需要新建设了 3 个厂房，球磨车间是将生产用的陶土进行粉碎的生产车间，陶土的粉尘是有一定能腐蚀性和黏性的，故厂房内的生产设备及电气照明设施都要是防爆及防尘的，照明电气是一般的工程，但防爆的照明电气在安装中和普通照明不同，现在需要能按质按量完成防爆照明。

二、任务分析

防爆照明电气要求灯具、配管及配管连接件等电气设备都具有防爆功能，必须有很高的密封性能，尤其是接线、分线，接地必须良好，保证电气设备的正常使用。防爆电气设备应有"EX"标志和标明防爆电气设备的类型、级别、组别标志的铭牌，并在铭牌上标明国家指定的检验单位发放的防爆合格证号。

安装的防爆灯具都是汞灯，需要配镇流器才可以使灯具正常使用，镇流器和灯具之间采用低压流体输送，用镀锌焊接钢管连接，斜的壁灯还需要增加挂钩固定。

三、任务材料清单（见表3-2-1）

表3-2-1　需要器材清单

名称	型号	数量	备注
防爆白炽灯	40W	1	
防爆荧光灯	40W	1	
防爆镇流器	40W	1	
防爆开关		2	
电缆		若干	
钢管附件		若干	
马鞍卡（水暖卡）		若干	

四、相关知识

（一）爆炸和火灾危险环境危险区域的划分

按国家标准 GB 50058-1992《爆炸和火灾危险环境电力装置设计规范》规定如下：

（1）爆炸性气体环境应根据爆炸性气体混合物出现的频繁程度和持续时间，按下列规定进行分区：

0区：连续出现或长期出现爆炸性气体混合物的环境；

1区：在正常运行时可能出现爆炸气体混合物的环境；

2区：在正常运行时不可能出现爆炸性气体混合物的环境，或即使出现也仅是短时的爆炸性气体混合物的环境。

注意：正常运行是指正常的开车、运转、停车、易燃物质产品的装卸，密闭容器盖的开闭，安全阀、排放阀以及所有工厂设备都在其设计参数范围内工作的状态。

（2）根据可燃性粉尘/空气混合物出现的频率和持续的时间及粉尘层厚度进行分类：

20 区：在正常运行过程中可燃性粉尘连续出现或经常出现，其数量足以形成可燃性粉尘与空气混合物和/或可能形成无法控制和极厚的粉尘层的场所及容器内部。

21 区：在正常运行过程中，可能出现粉尘数量足以形成可燃性粉尘与空气混合物，但未划入20区的场所。该区域包括与充入或排放粉尘点相接相邻的场所，出现粉尘层和正常操作情况下可能产生可燃浓度的可燃性粉尘与空气混合物的场所。

22 区：在异常条件下，可燃性粉尘偶尔出现并且只是短时间存在、可燃性粉尘偶尔出现堆积或可能存在粉尘层并且产生可燃性粉尘空气混合物的场所。如果不能保证排除可燃性粉尘堆积或粉尘层时，则应划分为21区。

（3）火灾危险环境应根据火灾事故发生的可能性和后果，以及危险程度及物质状态的不同按下列规定进行分区。

21 区：具有闪点高于环境温度的可燃液体，在数量和配置上能引起火灾危险的环境。

22 区：具有悬浮状、堆积状的可燃粉尘或可燃纤维，虽不可能形成爆炸混合物，但在数量和配置上能引起火灾危险的环境。

23 区：具有固体状可燃物质，在数量和配置上能引起火灾危险的环境。

（二）工厂用防爆电气设备的类型和标志

1. 工厂用防爆电气设备的类型和标志如表3-2-2所示。

表 3-2-2　工厂用防爆电气设备的类型和标志

序号	类　型	标　志	序号	类　型	标　志
1	隔爆型	d	5	充油型	o
2	增安型	e	6	充砂	q
3	本质安全型	ia ib	7	无火花型	n
4	正压型	p	8	特殊型	s

注：隔爆型：具有能承受内部爆炸性气体混合物的爆炸压力，并阻止内部的爆炸向外壳周围爆炸性混合物传播的电气设备外壳的电气设备。

增安型：在正常运行条件下不会产生电弧、火花或可能点燃爆炸性混合物的高温的设备结构上，采取措施提高安全程度，以避免在正常和认可的过载条件下出现这些现象的电气设备。

2. 防爆电气设备分类

Ⅰ类为煤矿井下电气设备，Ⅱ类为工厂用电气设备。

（1）爆炸性气体环境中，Ⅱ类电气设备按其适用于爆炸性气体混合物最大试验安全间隙（MESG）或最小点燃电流比（MTC）分为A、B、C三级，并按其最高表面温度分为T1~T6六组，见表3-2-3、表3-2-4。

（2）爆炸性粉尘环境中，Ⅱ类电气设备按其试验粉尘的覆盖情况分为A型和B型，按其外壳的最高表面温度分为TA、TB。

表3-2-3　Ⅱ类电气设备

级别	按最大试验安全间隙（MESG）分级 max（mm）	按最小点燃电流分级
ⅡA	fmax≥0.9	MICR>0.8
ⅡB	0.9>fmax>0.5	0.8>MICR≥0.45
ⅡC	0.5≥fmax	0.45≥MICR

表3-2-4　Ⅱ类电气设备最高表面温度

温度组别	爆炸性混合物引燃温度 t（℃）
T1	450<t
T2	300<t≤450
T3	200<t≤300
T4	135<t≤200
T5	100<t≤135
T6	85<t≤100

（三）防爆的基本原理

电气设备引燃可燃性气体混合物有两方面的原因：一个是电气设备产生的火花、电弧；另一个是电气设备表面（即可燃性气体混合物相接触的表面）发热。设备在正常运行时能产生电弧，火花的部件放在隔爆外壳内，或采取浇封型、充砂型、充油型或正压型等其他防爆形式就可达到防爆目的。而增安型电气设备在正常运行或认可的过载条件下，不会发生电弧、火花和过热现象，就可进一步提高设备的安全性和可靠性。因此，这种设备在正常运行时就没有引燃源，可用于爆炸性危险环境。

（四）防爆电气设备标志举例

（1）Ⅱ类防爆电气设备。隔爆型、B级、T3组标志为Exd Ⅱ BT3。

（2）Ⅱ类防爆电气设备。增安型、T2组标志为Exe Ⅱ T2。

（3）Ⅱ类防爆电气设备采用一种以上的复合型式，则先标出主体防爆型式，后标出其他防爆型式，如Ⅱ类主体增安型并有隔爆型C级T4组部件标志为Exed Ⅱ CT4。

（4）用于21区，最高表面温度为170℃（或T3组），粉尘环境下的A型电气设备标为：DIPA21　TA170℃（或TA、T3）；用于22区，最高表面温度为200℃（或T3组），粉尘环境下的B型电气设备标为：DIPB22　TB200℃（或TB、T3）。

（五）爆炸危险环境中电气设备的选择

1. 灯具类防爆结构的选型（见表3-2-5）。

表3-2-5　灯具类防爆结构的选型

爆炸危险区域	防爆结构电气设备	1区	2区	
隔爆型 d	增安型 e	隔爆型 d	增安型 e	
固定式灯	○	×	○	○
移动式灯	△	○		
携带式电池灯	○	○		
指式灯类	○	×	○	○
镇流器	○	△	○	○

2. 防爆灯

陶瓷企业在生产过程中，会产生大量粉尘，要求部分房间内灯具采用防尘防爆灯，现对防爆灯具选型进行如下说明：防爆灯一般按选用的光源防爆结构形式使用方式进行分类；按光源分类有防爆白炽灯、防爆高压汞灯、防爆低压荧光灯、混合光源灯等；按防爆结构型式分类有隔爆型灯具、增安型灯具、复合型灯具等，按使用方式分类有固定式防爆灯具和携带式防爆灯具。

（1）防爆荧光灯，如图3-2-1所示。

（2）防爆白炽灯，如图3-2-2所示。

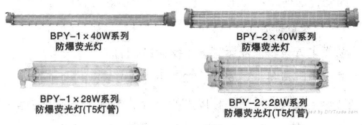

图 3-2-1　防爆荧光灯

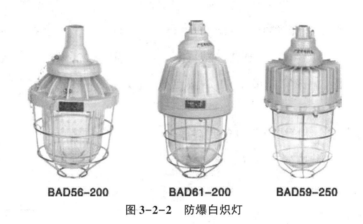

图 3-2-2　防爆白炽灯

（3）防爆高压汞灯，如图 3-2-3 所示。

图 3-2-3　防爆高压汞灯

（六）防爆灯具的特点

（1）隔爆型最高防爆等级，可在易燃易爆危险场所安全可靠工作。

（2）采用高强度气体放电灯做光源，光效高，平均使用寿命达 10000 小时以上。

（3）采用棱晶状钢化玻璃，无眩光，能有效避免作业、施工人员产生不适和疲劳感。

（4）采用遮光板并进行精确配光设计，提高光效利用率，节能效果好。

（5）采用一体化全密性结构设计及最新表面处理技术，外形美观，安装简便，防雨淋、喷水，灯具外壳永不腐蚀、生锈，可在高温潮湿和各种腐蚀性等恶劣环境下长期使用。

（6）外壳选用高强度铝合金材料，具有抗强力碰撞和冲击能力。

（7）吊杆式、壁挂式等多种安装方式，适合不同工作现场的照明需要。

 技能目标

一、工艺要求

防爆灯在安装前要把铭牌与产品说明书核对：防爆型式、类别、级别、组别；外壳的防护等级；安装方式及安装用的紧固件要求等。防爆灯的安装要确保固定牢靠，紧固螺栓不得任意更换，弹簧垫圈应齐全。防尘、防水用的密封圈安装时要原样放置好。电缆进线处，电缆与密封垫圈要紧密配合，电缆的断面应为圆形，且护套表面不应有凹凸等缺陷。多余的进线口，须按防爆类型进行封堵，并将压紧螺母拧紧，使进线口密封。

二、任务实施

步骤一：根据任务描述，查找相关知识，获取知识并画出相应的防爆照明控制线路，确定安装导线截面，确定所用防爆灯具和防爆开关等物品数量，估算导线长度。

步骤二：清点物品数量及检查质量。

步骤三：画出防爆照明灯具的布置图，编写工作计划。

步骤四：按照编写好的工作计划安装防爆照明电路。

步骤五：将安装好的防爆照明电路交付用户使用。

步骤六：评价。

三、评价表

表3-2-6 工作任务过程训练评价表

序号	工作过程	工作内容	评分标准	配分	学生自评		教师	
					扣分	得分	扣分	得分
1	资讯	相关知识查找	查找相关知识，初步了解 基本掌握相关知识 较好地掌握相关知识	10				
2	决策	确定方案，编写计划	制订整体设计方案，修改一次扣2分；修改两次扣5分	10				
3	实施	记录步骤	实施中步骤记录不完整达到10%，扣2分 实施中步骤记录不完整达到30%，扣3分 实施中步骤记录不完整达到50%，扣5分	10				
4	结果评价	元件安装	不观察元件外壳好坏，扣2分；元件安装不牢固，扣3分	5				
		布线工艺	导线凌乱、交叉，每个扣2分 线头裸露过长或压绝缘层，扣2分 导线安装松动，每个扣2分	10				
		通电	一次通电不成功，扣15分 二次通电不成功，扣30分 三次通电不成功，扣45分	45				
5	职业规范，团队合作	安全文明生产，交流合作，组织协调	不遵守教学场所规章制度，扣2分 出现重大事故或人为损坏设备，扣10分 出现短路故障，扣5分 实训后不清理、清洁现场，扣3分	10				
合计				100				

学生自评：

签字　　　日期

教师评语：

签字　　　日期

知识检测

一、单项选择题

1. 矿用防爆标志号"d"为（　　）设备。

　A. 增安型　　　　　　　　　　B. 隔爆型

　C. 本质安全型　　　　　　　　D. 充砂型

2. 防爆电气设备的防爆标志为（　　）。

　A. Ex　　　　　　　　　B. MA　　　　　　　　　C. ⅡA

3. 井下防爆型的通信、信号和控制装置，应优先采用（　　）。

　A. 增安型　　　　　　　　　　B. 隔爆型

　C. 特殊型　　　　　　　　　　D. 本质安全型

4. 本质安全型防爆电气设备的级别有（　　）级。

　A. ia 和 id　　　　　　　　　B. id 和 ic

　C. ia 和 ib　　　　　　　　　D. ib 和 ic

5. 选用的井下电气设备，必须符合（　　）。

　A. 防爆要求　　　　　B. 保护要求　　　　　C.《煤矿安全规程》要求

6. 电力装置爆炸性气体环境危险区域划分为（　　）。

　A. 0、1、2　　　　　　　　　B. 1、2、3

　C. 0、1、2、3　　　　　　　　D. 1、2、3、4、5

7. 现有一新型防爆电气设备，上面可以看到标有 ib 的标志，由此可以推断，此设备是（　　）类型的防爆电气设备。

　A. 隔爆型　　　　　　　　　　B. 防爆安全型

　C. 防爆特殊型　　　　　　　　D. 防爆充油型

二、简答题

1. 防爆灯具有什么特点？

2. 爆炸危险环境中电气设备如何选择？

3. 防爆的基本原理是什么？

任务三　碘钨灯

任务教学目标

知识目标:

(1) 掌握碘钨灯的结构及接线原理。

(2) 掌握碘钨灯的安装要求。

技能目标:

(1) 能正确选用碘钨灯。

(2) 能按规范安装碘钨灯照明电路。

素质目标:

培养动手能力、学习能力、分析故障和解决问题的能力。

 知识目标

一、任务描述

在陶瓷生产过程中很多地方对光的照度要求比较高,而这些地方往往是生产一线,厂房高度较高,普通日光或白炽灯的照度无法达到生产的要求,在这些地方只能采取光照强度好的碘钨灯。在印花生产厂房要求安装 6 盏碘钨灯,灯距地面 5 米,东西两面墙各装 3 盏碘钨灯。

二、任务分析

碘钨灯的光效高、亮度大、结构紧凑,有的碘钨灯能发出大量看不见的红外线,热效率高,是加热干燥用的理想热源。有的碘钨灯功率大,可辐射出大量的光能,用作大型车间、广场、体育场、机场、港口等处的照明很合适。有的碘钨灯是新闻摄影、彩色照相制版以及电影摄影、放映的光源,功率高、体积小、重量轻是它的主要优点。在一部分激光装置中,碘钨灯还可用做光泵。因此,应根据具体情况选用碘钨灯。

三、任务材料清单（见表3-3-1）

表3-3-1　需要材料清单

名称	型号	数量	备注
碘钨灯	500W	6	
灯架		6	
闸刀开关		1	
导线		若干	
明线槽（线管）	39×19	若干	

四、相关知识

（一）碘钨灯的原理

碘钨灯的原理类似于白炽灯，只是它里面充入碘蒸气，碘蒸气具有在低温（相对的）与钨化合，在高温与其分解的性质，这样，就把位于灯管其他部分的，已经升华走的钨化合掉，再在灯丝上分解，这样就让灯丝不会因为高温而快速烧毁。

灯泡里充进纯碘、玻壳壁的温度控制在250~1200℃，从灯丝上蒸发出来的钨就会在玻壳壁附近与碘化合成碘化钨。随着气体的对流，碘化钨将扩散到灯丝附近，由于这里的温度可达2000℃以上，不太稳定的碘化钨就会在这里分解成碘和钨，钨重新回到灯丝上继续工作，碘则再次向玻壳方向扩散去完成新的"搬运"钨的任务，这一过程一般称为卤钨循环或钨的再生循环。这一过程大大减缓了钨在灯丝上的蒸发速度，延长了灯管的寿命。

（二）碘钨灯的结构特点

与普通白炽灯相比，碘钨灯大大减少了钨的蒸发量，延长了使用寿命，提高了工作温度和发光效率。普通白炽灯的平均使用寿命是1000h，碘钨灯要比它长一半，发光效率提高30%。从外观来看，碘钨灯显得特别小巧玲珑，同样一只500W的灯泡，碘钨灯的体积只有白炽灯的1%。它的玻壳里除了有碘，还充进了惰性气体，又小又结实，充气压力高达1.5~10Pa。根据不同用途，碘钨灯可分几种：①能发出大量看不见的红外线，热效率高，是加热干燥用的理想热源。②功率大，可辐射出大量的光能，用作大型车间、广场、体育场、机场、港口等处的照明很合适。③新闻摄影、彩色照相制版以及电影摄影、放映的光源，功率高、体积小、重量轻是它的主要优点。在一部分激光装置中，碘钨灯还可用作光泵。

碘钨灯的光效高、亮度大、结构紧凑，这些正是交通车辆照明求之不得的长处。现在火车特别是汽车上的聚光灯、雾灯、主前灯等，正在逐步改用碘钨灯。

碘钨灯的接线如图3-3-1所示，最常见的碘钨灯如图3-3-2所示，与碘钨灯配套使用的灯架如图3-3-3所示，有着像钢笔一样的细长身材。灯的主体是一根直径10~12 mm的石英管，软化点高达1700℃。灯丝上每隔一定距离用一个支撑圈托着灯丝，灯两端的长方形扁块是封接部分，用来保证既能导电又不漏气。

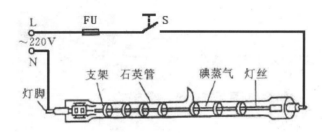

图3-3-1　碘钨灯接线

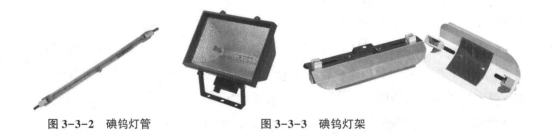

图3-3-2　碘钨灯管　　　　　　图3-3-3　碘钨灯架

（三）碘钨灯照明线路的安装

（1）灯丝较脆，避免剧烈震动和撞击。

（2）务必把灯具开关接在火线上，避免触电。

（3）安装碘钨灯时，灯管必须与地面平行，一般要求倾斜度不大于4°。

（4）碘钨灯工作时，灯管的温度很高，管壁可高达500~700℃，因此，灯管必须安装在专用的有隔热装置的金属灯架上，切不可安装在非专用的、易燃材料制成的灯架上。

（5）灯架也不可贴装在建筑面上，以免因散热不畅而影响灯管寿命。

技能目标

一、工艺要求

（1）碘钨灯灯罩应完好，使用中碘钨灯与易燃物的距离不得小于500mm。

（2）碘钨灯不得直接照射易燃物，达不到规定安全距离时应采用隔热措施。

（3）清除干净周边的易燃物。

（4）灯具的金属外壳必须与PE线相连，开关箱必须装设漏电保护器。

（5）室外照明其安装高度距地面不得低于3m，室内照明其安装高度距地面视房间情况而定，原则上不得小于2.5m。

（6）灯线应采用固定措施，不得使其靠近灯具表面。

（7）灯具内的接线必须牢固，灯具外的接线必须完好或做可靠的防水缘包扎严防漏电。

（8）移动式碘钨灯不得直接放置在有积水、潮湿等地面上，必须配备木质支架使用。

（9）点燃灯管以前，可用酒精把灯管上留有的指印等擦除，保证灯管的透明度，以免减弱灯管的发光效率。

（10）由于灯管温度很高，不得溅水，不得敲打外壳。

（11）未经电工许可，禁止移动碘钨灯。普通碘钨灯的正常使用寿命达1000h以上（优质的可达2000h以上），由于工作状态碘循环要求灯管平稳，工作时移动会使碘聚集在灯丝上，烧坏灯丝。

（12）正确移动碘钨灯的方法：①切断电源待灯管冷却。②移动到目的地。③调整支架使灯管到水平位置，倾斜度不超过4°。

二、任务实施

步骤一：根据任务描述，查找相关知识，获取知识并画出相应的碘钨灯控制线路，确定安装导线截面，确定所用灯具和开关等物品数量，估算导线长度。

步骤二：清点物品数量及检查质量。

步骤三：画出碘钨灯灯具的布置图，编写工作计划。

步骤四：按照编写好的工作计划安装碘钨灯照明电路。

步骤五：将安装好的碘钨灯照明电路交付用户使用。

步骤六：评价。

三、评价表

表 3-3-2　工作任务过程训练评价表

序号	工作过程	工作内容	评分标准	配分	学生自评		教师	
					扣分	得分	扣分	得分
1	资讯	相关知识查找	查找相关知识，初步了解 基本掌握相关知识 较好地掌握相关知识	10				
2	决策	确定方案，编写计划	制定整体设计方案，修改一次扣2分；修改两次扣5分	10				
3	实施	记录步骤	实施中步骤记录不完整达到10%，扣2分 实施中步骤记录不完整达到30%，扣3分 实施中步骤记录不完整达到50%，扣5分	10				
4	结果评价	元件安装	不观察元件外壳好坏，扣2分； 元件安装不牢固，扣3分	5				
		布线工艺	导线凌乱、交叉，每个扣2分 线头裸露过长或压绝缘层，扣2分 导线安装松动，每个扣2分	10				
		通电	一次通电不成功，扣15分 二次通电不成功，扣30分 三次通电不成功，扣45分	45				
5	职业规范，团队合作	安全文明生产，交流合作，组织协调	不遵守教学场所规章制度，扣2分 出现重大事故或人为损坏设备，扣10分 出现短路故障，扣5分 实训后不清理、清洁现场，扣3分	10				
合计				100				

学生自评：

签字　　　日期

教师评语：

签字　　　日期

知识检测

一、单项选择题

1. 碘钨灯属于（　　）光源。

A. 气体放电　　　　B. 电弧　　　　　C. 热辐射

2. 常用电光源中，白炽灯和碘钨灯的显著特点是（　　）。

A. 瞬时启动　　　B. 功率因数小于1　C. 频闪效应明显　　D. 耐震性好

二、判断题

碘钨灯的固定安装高度不宜低于3m。（　　）

三、简答题

1. 使用碘钨灯时，有什么安全要求？

2. 碘钨灯的工作原理是什么？

单元四

陶瓷企业常用低压电器及设备

任务一　常用低压开关及主令电器

任务教学目标

知识目标：

（1）掌握断路器的图形符号、结构、原理及作用。

（2）掌握按钮开关的图形符号、结构、原理及作用。

（3）掌握行程开关的图形符号、结构、原理及作用。

技能目标：

（1）能根据使用环境正确选用断路器、按钮开关、行程开关。

（2）能检测出断路器、按钮开关、行程开关的好坏。

（3）能按规范安装断路器、按钮开关、行程开关。

素质目标：

培养动手能力、学习能力、分析故障和解决问题的能力。

 知识目标

一、任务描述

在陶瓷企业里，陶土经过压机成型后，需要经过干燥处理才能进入印花工序。

由图 4-1-1 可见，半成品在窑炉里加热，使水分蒸发，水分含量足够低后，由传送机构把半成品传送到印花机器。

图 4-1-1　窑炉

由图 4-1-2 可见，电器控制线路由元器件和线路组成，其中有温度控制、时间控制、传送混轴的速度控制等多种控制方式。

（a）控制柜面板

（b）内部控制线路

图 4-1-2　窑炉入口控制柜

二、任务分析

常见电气控制线路中，电流流经的第一个元件是开关，所以我们先来学习常用低压开关及主令电器。

三、任务材料清单（见表 4-1-1）

表 4-1-1　需要器材清单

名称	型号	数量	备注
断路器	DZ47 系列	1	
塑料外壳式断路器	DZ15 或 DZ20 系列	1	
按钮		1	
急停按钮		1	
行程开关	LX19-001	1	
导线		若干	

四、相关知识

（一）断路器

断路器俗称自动空气开关，用于低压（500V 以下）交、直流配电系统中，是一种只要电路中电流超过额定电流就会自动断开的开关，相当于刀开关、熔断器、过电流继电器、欠电压继电器和热继电器的一种组合作用，因而它是一种既有手动开关作用又能自动进行欠电压、失电压、过载和短路保护的开关电器。

1. 分类及特性

图 4-1-3（a）DZ47 系列最大额定电流小于 63A，图 4-1-3（b）DZ15/DZ20 系列塑壳开关，DZ15 系列最大额定电流不超过 100A，比 DZ47 系列的分断能力大，DZ20 系列塑壳开关，最大额定电流能达到 800A，分断能力比 DZ15 系列要大得多。

（a）DZ47 系列　　　　　　　　　　（b）DZ15/ DZ20 系列

图 4-1-3　常用断路器

2. 工作原理

断路器的结构和工作原理如图 4-1-4 所示，主要由触点、脱扣器、灭弧装置和操作机构组成。正常工作时，手柄处于"合"位置，此时触头保持闭合状态；扳动手柄置于"分"位置时，主触头处于断开状态，空气断路器的"分"和"合"在机械上都是互锁的。

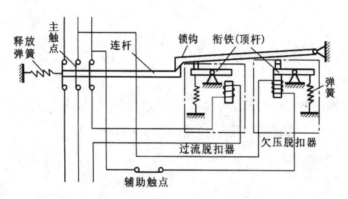

图 4-1-4 断路器原理及图形符号

当被保护电路发生短路或产生瞬时过电流时，过电流脱扣器的衔铁被吸合，撞击杠杆，顶开搭钩，则连杆在弹簧的拉力下断开主电路。

当被保护电路发生过载时，通过发热元件的电流增大，双金属片向上弯曲变形，达一定幅度时，推动杠杆，顶开搭钩，主触头断开，起到过载保护。

当被保护电路失电压或电压过低时，欠电压脱扣器的电磁吸力小于弹簧的拉力，衔铁被弹簧拉开，撞击杠杆而将搭钩顶开，电路分断，起到欠电压保护。

3. 符号

断路器的图形符号如图 4-1-5 所示，文字符号是：QF。

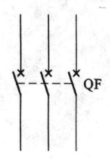

图 4-1-5 断路器的图形符号

4. 型号

低压断路器的型号及其含义如图 4-1-6 所示。

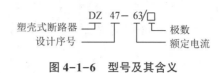

图 **4-1-6** 型号及其含义

5. 安装及接线

（1）低压断路器应垂直于配电板安装，将电源引线接到上接线端，负载引线接到下接线端。

（2）低压断路器用作电源总开关或电动机控制开关时，在电源进线侧必须加装刀开关或熔断器等，以形成一个明显的断开点。

（二）主令电器

1. LA4-3H 型按钮

图 4-1-7 是 LA 系列部分按钮的外形。按钮是一种手动主令电器，按钮内的常开（动合）触头用来接通控制电路，发出"起动"指令；常闭（动断）触头用来断开控制电路，发出"停止"指令。

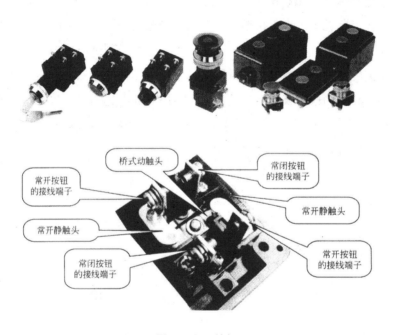

图 **4-1-7** 按钮

（1）工作原理。常见的按钮是复合式的，包括一个常开触头和一个常闭触头，其外形、结构和符号如图4-1-8所示。按钮主要由桥式双断点的动触头、静触头、按钮帽和复位弹簧组成。当按下按钮，动触头下移，先断开常闭静触头，后接通常开静触头。松开按钮，在复位弹簧的作用下，又恢复到初始状态。

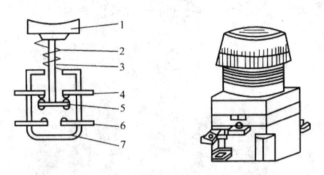

图4-1-8　按钮结构

1—按钮帽；2、3—复位弹簧；4—常闭静触头；5—动触头；6—常开静触头；7—外壳

（2）使用环境。LA4系列按钮适用于交流50Hz、额定工作电压至380V，或直流工作电压至220V的工业控制电路中，适用短时间接通与分断5A以下电流的电路，因此一般情况下它不直接控制主电路的通断，而是在控制电路中发出指令或信号去控制接触器、继电器等。按钮帽上有颜色之分，规定红色的按钮帽作停止使用，绿色作起动使用、黑色作切换运行模式使用，主要作远程控制之用。

（3）符号。断路器的图形符号如图4-1-9所示，文字符号是：SB。

（a）常开按钮　　　（b）常闭按钮　　　（c）复合按钮

图4-1-9　断路器的图形符号

（4）型号及其含义。LA系列按钮的型号及其含义如图4-1-10所示。

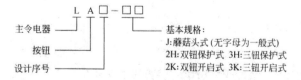

图4-1-10　LA系列按钮的型号及其含义

2. 行程开关

行程开关又称位置开关或限位开关，其作用是利用生产机械某些运动部件碰撞使触头动作，给控制电路发出位置信号，使被控对象自动停止、反转或改变移动速度等，达到一定的控制要求。

（1）分类。由于工作条件不同，行程开关有很多结构形式，常见的行程开关如图4-1-11所示。

图 4-1-11　常见的行程开关

（2）行程开关的内部结构。行程开关的内部结构如图4-1-12所示，按其结构可分为直动式、滚轮式、微动式。直动式属蠕动型触头，常闭触头断开到常开触头闭合的时间取决于运动部件的移动速度，一般需要的时间比滚轮式和微动式要长；滚轮式和微动式属瞬动型触头，常闭触头断开到常开触头闭合的时间取决于内部弹簧机构，需要的时间比直动式要短。

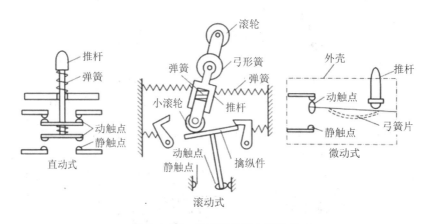

图 4-1-12　行程开关的内部结构

（3）符号。行程开关的图形符号如图 4-1-13 所示，文字符号是：SQ。

（a）常开触头　　　　（b）常闭触头　　　　（c）复合触头

图 4-1-13　行程开关的图形符号

（4）型号及其含义。常用行程开关的型号及其含义如图 4-1-14 所示。

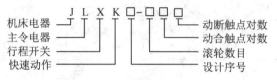

机床电器　J　L　X　K　□-□□□　　动断触点对数
主令电器　　　　　　　　　　　　　动合触点对数
行程开关　　　　　　　　　　　　　滚轮数目
快速动作　　　　　　　　　　　　　设计序号

图 4-1-14　常用行程开关的型号

技能目标

一、工艺要求

现实生产中，电器元件的损坏经常发生，我们一起来学习怎么检测常用低压开关及主令电器的好坏。请找出表 4-1-2 对应的元件，按表格内容测量相关物理量，并判断该元件的好坏。

表 4-1-2　常用主令电气测量

元件	型号	测量值（Ω×1 挡）		元件好坏	备注
隔离开关	DZ47-63	ON 位置	$R_1 =$		
			$R_2 =$		
			$R_3 =$		
		OFF 位置	$R_1 =$		
			$R_2 =$		
			$R_3 =$		

续表

元件	型号	测量值 （Ω×1 挡）		元件好坏	备注
按钮开关	LA4	按下前	$R_{11-12} =$		
			$R_{23-24} =$		
		按下后	$R_{11-12} =$		
			$R_{23-24} =$		
行程开关	LX19-001	按下前	$R_{11-12} =$		
			$R_{23-24} =$		
		按下后	$R_{11-12} =$		
			$R_{23-24} =$		

二、任务实施

实施步骤如图 4-1-15 所示。

领取元器件 → 清点元器件 → 检查元器件外观 → 检查元器件机构 → 按任务书测量记录 → 鉴定好坏 → 交验 → 考核评分

图 4-1-15　实施步骤

三、评价表

表 4-1-3　工作任务过程训练评价表

序号	工作过程	工作内容	评分标准	配分	学生自评		教师	
					扣分	得分	扣分	得分
1	资讯	相关知识查找	查找相关知识，初步了解 基本掌握相关知识 较好地掌握相关知识	10				

续表

序号	工作过程	工作内容	评分标准	配分	学生自评		教师	
					扣分	得分	扣分	得分
2	决策	确定方案，编写计划	制订整体设计方案，修改一次扣2分；修改两次扣5分	10				
3	实施	记录步骤	实施中步骤记录不完整达到10%，扣2分 实施中步骤记录不完整达到30%，扣3分 实施中步骤记录不完整达到50%，扣5分	10				
4	结果评价	元件检查	不观察元件外壳好坏，扣2分 用仪表测试元件，仪表使用方法不正确，扣3分	5				
		元件数据测量	测量断路器数据错误，每个扣2分 测量按钮开关数据错误，扣2分 测量行程开关数据错误，每个扣2分	10				
		鉴定元件好坏	不能鉴定断路器好坏，扣15分 不能鉴定按钮开关好坏，扣15分 不能鉴定行程开产关，扣15分	45				
5	职业规范，团队合作	安全文明生产，交流合作，组织协调	不遵守教学场所规章制度，扣2分 出现重大事故或人为损坏设备，扣10分 出现短路故障，扣5分 实训后不清理、清洁现场，扣3分	10				
合计				100				

学生自评：

签字　　　　日期

教师评语：

签字　　　　日期

四、知识拓展

为了规范读图、画图，必须采用统一的图形符号和文字符号来表达。目前，我国已发布实施了电气图形和文字符号的有关国家标准，例如：

GB/T 4728.1—2005 电气简图用图形符号 第 1 部分：一般要求

GB/T 4728.2—1996~2000 电气简图用图形符号

GB/T 5094 电气技术中的项目代号

GB/T 5226 机床电气设备通用技术条件

GB/T 7159 电气技术中的文字符号制定通则

GB/T 6988 电气制图

知识检测

一、单项选择题

1. HK 系列开启式负荷开关可用于功率小于（　　）kW 的电动机控制电路中。

A. 5.5　　　　　　　B. 7.5　　　　　　　C. 10　　　　　　　D. 13

2. HK 系列开启式负荷开关用于控制直流电动机的直接启动和停止时，应选用额定电流不小于电动机额定电流（　　）倍的 3 极开关。

A. 1.5　　　　　　　B. 2　　　　　　　C. 3　　　　　　　D. 5

3. 封闭式负荷开关属于（　　）。

A. 非自动切换电器　　B. 自动切换电器　　C. 无法判断

4. DZ5—20 型低压断路器的过载保护是由（　　）完成的。

A. 欠电压脱扣器　　　　　　　　B. 电磁脱扣器

C. 热脱扣器　　　　　　　　　　D. 失电压脱扣器

5. 按下复合按钮时（　　）。

A. 常开锄头先闭合　　B. 常闭触头先断开　　C. 常开、常闭触头同时动作

6. 停止按钮应优先选用（　　）。

A. 红色　　　　　　　B. 白色　　　　　　　C. 黑色　　　　　　　D. 绿色

二、判断题

1. 按钮帽做成不同的颜色是为了标明各个按钮的作用。（　　）

2. 手动电器是指需要人工直接操作才能完成指令任务的电器。（　　）

3. 自动电器是指按照电或电信号自动地或人工操作完成指令任务的电器。（　　）

4. 刀开关可以垂直安装，也可以水平安装。（　　）

5. 封闭式负荷开关的外壳应可靠接地。（　　）

6. DZ5 系列低压断路器的热脱扣器和电磁脱扣器均没有电流调节装置。（　　）

三、简答题

1. 开启式负荷开关在安装时应注意哪些问题？

2. 低压断路器具有哪些优点？

3. 低压断路器有哪些保护功能？分别由低压断路器的哪些部件完成？

4. 简述低压断路器的选用原则。

5. 画出断路器、负荷开关、组合开关图形符号，并注明文字符号。

6. 主令电器的主要作用是什么？常用的主令电器有哪些？

7. 什么是行程开关？它与按钮开关有什么异同？画出行程开关的符号。

任务二　熔断器

任务教学目标

知识目标：

（1）掌握熔断器的识别。

（2）掌握熔断器的图形符号、文字符号。

（3）掌握熔断器的结构、原理及作用。

技能目标：

（1）能根据保护电路正确选用熔断器。

（2）能检测出熔断器的好坏。

（3）能按规范安装熔断器。

素质目标：

培养动手能力、学习能力、分析故障和解决问题的能力。

知识目标

一、任务描述

熔断器如图 4-2-1 所示。

二、任务分析

在图 4-1-2（b）的窑炉自动工作控制柜中，安装在断路器旁边的元件是熔断器。

三、任务材料清单（见表 4-2-1）

图 4-2-1　熔断器

表 4-2-1　需要器材清单

名称	型号	数量	备注
熔断器座	RL1-60	1	
熔断器座	RL1-30	1	
熔体	RL1 系列 60A	1	性能良好
熔体	RL1 系列 30A	1	性能良好
熔体	RL1 系列 20A	1	性能良好
熔体	RL1 系列 60A	1	已熔断
熔体	RL1 系列 30A	1	已熔断
熔体	RL1 系列 20A	1	已熔断
熔断器座	RT18-63	1	
熔断器座	RT18-32	1	
熔体	RT18 系列 63A	1	性能良好
熔体	RT18 系列 32A	1	性能良好
熔体	RT18 系列 10A	1	性能良好
熔体	RT18 系列 63A	1	已熔断
熔体	RT18 系列 32A	1	已熔断
熔体	RT18 系列 10A	1	已熔断

四、相关知识

1. 外形及结构

熔断器的作用是在线路中作短路保护。在电路中与被保护对象串联，当发生短路故障时，通过熔断器的电流达到或超过规定值，熔管中的熔体就会熔断从而分断电路，起到保护电路及设备的作用。熔断器的结构简单、价格便宜、保护动作可靠、使用维护方便等优点，因而得到广泛应用。在电气控制系统中常见的两种熔断器如图 4-2-2 所示。

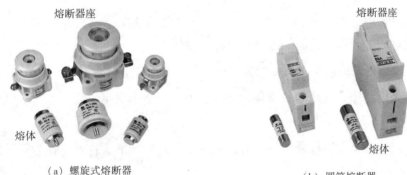

（a）螺旋式熔断器　　　　　（b）圆筒熔断器

图 4-2-2　常见熔断器

2. 熔断器的主要技术参数

（1）额定电压指熔断器长时间工作所能承受的电压。

（2）额定电流指保证熔断器能长期正常工作的电流（注：熔断器的额定电流与熔体的额定电流是两个不同的概念。一个额定电流等级的熔断器可以配几个额定电流等级的熔体，但熔体的额定电流不能大于熔断器的额定电流）。例如，RT18-32 的熔断器的额定电流是 32A，它可配 1A、4A、8A、16A、25A 和 32A 的熔体。

3. 符号

熔断器的图形符号如图 4-2-3 所示，文字符号是：FU。

图 4-2-3　熔断器图形符号

4. 型号及其含义

常见熔断器的型号及含义如图 4-2-4。

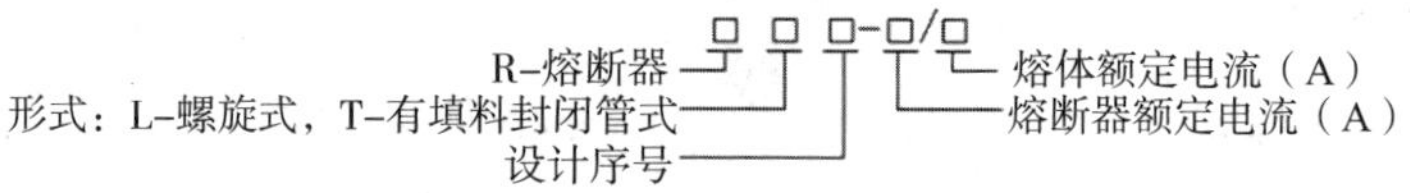

形式：L-螺旋式，T-有填料封闭管式
设计序号
R-熔断器
熔体额定电流（A）
熔断器额定电流（A）

图 4-2-4　熔断器的型号

在型号中，C 表示瓷插式，L 表示螺旋式，M 表示无填料密封管式，T 表示有填料封闭管式，S 表示快速式，Z 表示自复式。

5. 熔断器的安装和使用

（1）熔断器就完好无损，并标出额定电压和额定电流值。

（2）圆筒帽式熔断器应垂直安装，遵循上进下出接线原则；螺旋式熔断器遵循低进高出接线原则，保证更换熔体时操作者不接触带电部分。

（3）如果电路中有几级熔断器保护，要求上一级熔体额定电流大于下一级熔体额定电流。

（4）如果熔断器作隔离器件使用时，应安装在开关的前面；若只作为短路保护用时，应装在开关的后面。

 技能目标

一、工艺要求

在控制系统中，熔断器作为电路的保护器件，熔体熔断是常见的事。请用万用表测量出表 4-2-1 中熔体的电阻并判断该熔体的好坏，把结果填入表 4-2-2 中。

表 4-2-2　熔断器测试

序号	型号	电阻值	性能	可配表 4-4 中熔断器型号	备注
1					
2					
3					
4					
5					

续表

序号	型号	电阻值	性能	可配表4-4中熔断器型号	备注
6					
7					
8					
9					
10					
11					
12					

二、任务实施

实施步骤如图4-2-5所示。

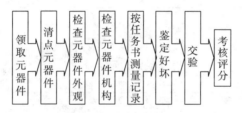

图 4-2-5　实施步骤

三、评价表

表 4-2-3　工作任务过程训练评价表

序号	工作过程	工作内容	评分标准	配分	学生自评		教师	
					扣分	得分	扣分	得分
1	资讯	相关知识查找	查找相关知识，初步了解 基本掌握相关知识 较好地掌握相关知识	10				
2	决策	确定方案，编写计划	制订整体设计方案，修改一次扣2分；修改两次扣5分	10				
3	实施	记录步骤	实施中步骤记录不完整达到10%，扣2分 实施中步骤记录不完整达到30%，扣3分 实施中步骤记录不完整达到50%，扣5分	10				

续表

序号	工作过程	工作内容	评分标准	配分	学生自评		教师	
					扣分	得分	扣分	得分
4	结果评价	元件检查	不观察元件外壳好坏，扣2分 用仪表测试元件，仪表使用方法不正确，扣3分	5				
		元件数据测量	测量数据错误，每个扣2分	10				
		鉴定元件好坏	不能鉴定好坏，扣45分	45				
5	职业规范，团队合作	安全文明生产，交流合作，组织协调	不遵守教学场所规章制度，扣2分 出现重大事故或人为损坏设备，扣10分 出现短路故障，扣5分 实训后不清理、清洁现场，扣3分	10				
合计				100				

学生自评：

签字　　　　日期

教师评语：

签字　　　　日期

 知识检测

一、单项选择题

1. 熔断器的额定电流应（　　）所装熔体的额定电流。

A. 大于　　　　　　B. 大于或等于　　　　　　C. 小于　　　　　　D. 不大于

2. 在控制板上安装组合开关、熔断器时，受电端子应安装在控制面板的（　　）。

A. 内侧　　　　　　B. 外侧　　　　　　C. 内侧或外侧　　　　D. 无要求

二、判断题

1. 一个额定电流等级的熔断器只能配一个额定等级的熔体。（　　）

2. 在装接 RT18 系列熔断器时，电源线应安装在上接线座，负载线应接在下接线座。（　　）

三、简答题

怎么选择熔断器？

任务三　接触器

任务教学目标

知识目标：

掌握接触器的图形符号、结构、原理及作用。

技能目标：

（1）能根据使用环境正确选用接触器。

（2）能检测出接触器的好坏。

（3）能按规范安装接触器。

素质目标：

培养动手能力、学习能力、分析故障和解决问题的能力。

 知识目标

一、任务描述

在陶瓷企业里，将各种泥沙混入球磨机进行磨细以达到工艺要求，研磨机如图 4-3-1 所示，研磨机加工后由浆料泵送到下一个环节进行脱水处理。图 4-3-2 是控制球磨机工作的控制柜，其中有三相异步电动机的正反转控制。

图 4-3-1　球磨机

图 4-3-2　球磨机控制柜

二、任务分析

控制柜里，我们唯一陌生的元件是接触器，现在我们一起学习接触器。

三、任务材料清单（见表 4-3-1）

表 4-3-1　需要器材清单

名称	型号	数量	备注
接触器	CJTl—10	1	
接触器	CJX2 系列	1	
辅助触头	F4-D22	1	
导线		若干	

四、相关知识

1. CJTl—10 型交流接触器

接触器的作用就是用小电流来控制大电流负载，可以远距离控制，同时也可以自锁互锁，防止误动作造成事故，由于是小电流控制，使得保护电路简单可靠。

接触器分为交流接触器（电压 AC）和直流接触器（电压 DC），它应用于电力、配电与用电。接触器广义上是指工业电中利用线圈流过电流产生磁场，使触头闭合，以达到控制负载的电器。

2. 工作原理

CJT1 系列接触器的零件如图 4-3-3 所示。一般情况下，CJT1 交流接触器有三个主触头和两对辅助触头，其中主触头是常开触头，每一对辅助触头均有一个常开和一个常闭触头，主触头截面尺寸较大，设有灭弧装置，允许通过较大电流，所以接入主电路（与负载串联）；辅助触头截面尺寸较小，不设灭弧装置，允许通过较小电流，通常接入控制电路中与常开按钮并联。

直流接触器的基本结构、工作原理与交流接触器相似，但灭弧系统有所不同，一般加装了磁吹灭弧装置。

图 4-3-3　接触器的零件

当接触器的线圈通电后，线圈中流过的电流产生磁场，使铁心产生足够大的吸力，克服反作用弹簧的反作用力，将衔铁吸合，通过传动机构带动三对主触头和辅助常开触头闭合，辅助常闭触头断开。

当接触器线圈断电或电压显著下降时，由于电磁吸力消失或过小，衔铁在反作用弹簧的作用下复位，带动各触头恢复到原始状态。

3. 符号

接触器的图形符号如图 4-3-4 所示，分为线圈符号，主触头符号和辅助触头符号，文字符号是：KM。

(a) 线圈　　(b) 主触头　　(c) 辅助常开触头　　(d) 辅助常闭触头

图 4-3-4　接触器图形符号

4. 型号及其含义

CJ 系列交流接触器的型号及其含义如图 4-3-5 所示。

图 4-3-5 接触器的型号

从接触器的型号看不出线圈额定电压，线圈额定电压一般标注在线圈的绝缘纸或者接触器外壳上，如图 4-3-6 所示，该接触器的额定电压是 110V，额定频率是 50Hz 的交流电。

5. 接触器的安装注意事项

（1）首先，安装前应检查接触器线圈的电压是否与控制电源的电压相符。其次，检查接触器各触头接触是否良好，有否卡阻现象。最后，将铁心极面上的防锈油擦净，以免油垢黏滞造成断电不能释放的故障。

（2）接触器安装时，其底面应与地面垂直，倾斜度应小于 5°。

（3）CJO 系列交流接触器安装时，应使有孔两面放在上下位置，以利于散热。

图 4-3-6 接触器线圈电源

（4）安装时切勿使螺钉、垫圈等零件落入接触器内，以免造成机械卡阻和短路故障。

（5）接触器接头表面应经常保护清洁，不允许涂油。当触头表面因电弧作用而形成金属小珠时，应及时铲除。但银及银合金触头表面产生的氧化膜，由于接触电阻很小，不必锉修，否则将缩短触头的寿命。

技能目标

一、工艺要求

在控制系统中，接触器的动作频率最高，所以接触器损坏现象也最常见，我们一起来学习怎么用仪表检测接触器的好坏。请找出表 4-3-2 对应的元件，按表格内容测量相关物理量，并判断该元件的好坏。

表 4-3-2　接触器测试

元件	型号	测量值（Ω×1 档）		元件好坏	备注
接触器	CJX2 系列	原始状态	$R_{A1\sim A2}=$		
			$R_{1\sim2}=$		
			$R_{3\sim4}=$		
			$R_{5\sim6}=$		
			$R_{13\sim14}=$		
		人为让衔铁吸合	$R_{A1\sim A2}=$		
			$R_{1\sim2}=$		
			$R_{3\sim4}=$		
			$R_{5\sim6}=$		
			$R_{13\sim14}=$		
辅助触头	F4 系列（安装在接触器上）	原始状态	$R_{53\sim54}=$		
			$R_{61\sim62}=$		
			$R_{71\sim72}=$		
			$R_{83\sim84}=$		
		人为让衔铁吸合	$R_{53\sim54}=$		
			$R_{61\sim62}=$		
			$R_{71\sim72}=$		
			$R_{83\sim84}=$		

二、任务实施

实施步骤如图 4-3-7 所示。

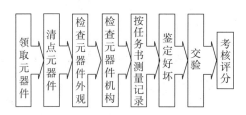

图 4-3-7　实施步骤

三、评价表

表 4-3-3　工作任务过程训练评价表

序号	工作过程	工作内容	评分标准	配分	学生自评		教师	
					扣分	得分	扣分	得分
1	资讯	相关知识查找	查找相关知识，初步了解 基本掌握相关知识 较好地掌握相关知识	10				
2	决策	确定方案，编写计划	制订整体设计方案，修改一次扣 2 分；修改两次扣 5 分	10				
3	实施	记录步骤	实施中步骤记录不完整达到 10%，扣 2 分 实施中步骤记录不完整达到 30%，扣 3 分 实施中步骤记录不完整达到 50%，扣 5 分	10				
4	结果评价	元件检查	不观察元件外壳好坏，扣 2 分 用仪表测试元件，仪表使用方法不正确，扣 3 分	5				
		元件数据测量	测量数据错误，每个扣 2 分	10				
		鉴定元件好坏	不能鉴定好坏，扣 45 分	45				
5	职业规范，团队合作	安全文明生产，交流合作，组织协调	不遵守教学场所规章制度，扣 2 分 出现重大事故或人为损坏设备，扣 10 分 出现短路故障，扣 5 分 实训后不清理、清洁现场，扣 3 分	10				
合计				100				

学生自评：

签字　　　　日期

教师评语：

签字　　　　日期

知识检测

一、单项选择题

1. 交流接触器的铁心端面安装短路环的目的是（　　）。

A. 减少铁心震动　　B. 增大铁心磁通　　C. 减缓铁心冲击　　D. 减少铁磁损耗

2. 灭弧装置的作用是（　　）。

A. 引出电弧　　　　B. 熄灭电弧　　　　C. 使电弧分段　　　D. 使电弧产生磁力

3. （　　）是交流接触器发热的主要部件。

A. 线圈　　　　　　B. 铁心　　　　　　C. 触头　　　　　　D. 衔铁

4. 交流接触器操作频率过高，会导致（　　）过头。

A. 线圈　　　　　　B. 铁心　　　　　　C. 触头　　　　　　D. 短路环

5. 关于接触器，下列说法中不正确的是（　　）。

A. 在静铁心的端面上嵌有短路环　　　　B. 加一个触头弹簧

C. 触点接触面保持清洁　　　　　　　　D. 在触点上嵌一块纯银块

6. 交流接触器的反作用弹簧的作用是（　　）。

A. 缓冲　　　　　　　　　　　　　　　B. 使铁心和衔铁吸合得更紧

C. 使衔铁、住触头复位分段　　　　　　D. 都不对

7. 接触器的自锁触头是一对（　　）。

A. 常开辅助触头　　B. 常闭辅助触头　　C. 主触头　　　　　D. 常闭触头

8. 具有过载保护的接触器自锁控制电路中，实现欠电压和失电压保护的电器是
（　　）。

A. 熔断器　　　　　　B. 热继电器　　　　C. 接触器　　　　　D. 电源开关

二、判断题

1. 接触器自锁触头的作用是保证松开起动按钮后，接触器线圈仍能继续通电。
（　　）

2. 接触器自锁控制电路具有欠电压、失电压保护作用。（　　）

3. 交流接触器和直流接触器的铁心上都有短路环，以消除衔铁的振动。（　　）

三、简答题

1. 接触器按主触头通过电流的种类，分为哪两种？接触器主要有哪几部分组成？

2. 接触器的哪些电器原件需接在线路中？画出这些电器原件的图形符号。

3. 简述接触器中短路环、反作用弹簧、触头压力弹簧和缓冲弹簧的作用。

4. 简述交流接触器的工作原理。

5. 选用接触器主要考虑哪几方面？

任务四　继电器

任务教学目标

知识目标：

（1）掌握热继电器的图形符号、结构、原理及作用。

（2）掌握时间继电器的图形符号、结构、原理及作用。

（3）掌握中间继电器的图形符号、结构、原理及作用。

技能目标：

（1）能根据要求调节热继电器的整定值。

（2）能根据要求调节时间继电器的设定值。

（3）能检测出热继电器、时间继电器及中间继电器的好坏。

（4）能按规范安装热继电器、时间继电器及中间继电器。

素质目标：

培养动手能力、学习能力、分析故障和解决问题的能力。

 知识目标

一、任务描述

图 4-4-1 是一台离心泵的控制电路，该离心泵采用星三角降压启动，从星形接法切换到三角形接法的时间由图中的时间继电器完成。根据功能的不同，常见的继电器有热继电器、时间继电器及中间继电器。

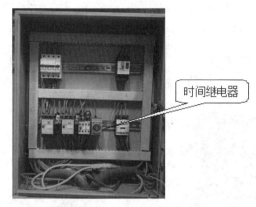

时间继电器

图 4-4-1　离心泵的控制电路

二、任务分析

在继电控制系统中，我们需要用一些元器件去实现某种控制功能，比如说用热继电器实现过载保护，用时间继电器实现时间控制，用中间继电器扩展接触器的辅助触头数量和容量。

三、任务材料清单（见表 4-1-1）

表 4-4-1　需要器材清单

名　称	型　号	数　量	备　注
热继电器	JRS1Ds-25	1	
时间继电器	JS7-A	1	
	JSZ3A-B		
中间继电器	MY2N-J	1	

四、相关知识

（一）热继电器

电动机在实际运行中，如拖动生产机械进行工作过程中，若机械出现不正常的情况或电路异常使电动机遇到过载，则电动机转速下降、绕组中的电流将增大，使电动机的绕组温度升高。若过载电流不大且过载的时间较短，电动机绕组不超过允许温升，这种过载是允许的。但若过载时间长，过载电流大，电动机绕组的温升就会超过允许值，使电动机绕组老化，缩短电动机的使用寿命，严重时甚至会使电动机绕组烧毁。所以，这种过载是电动机不能承受的。热继电器就是利用电流的热效应原理，在出现电动机不能承受的过载时切断电动机电路，为电动机提供过载保护的保护电器。图4-4-2是常见的一款JRS系列热继电器。

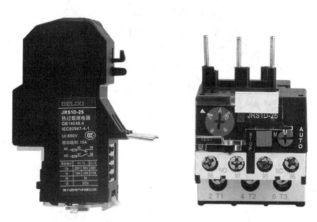

图 4-4-2　JRS 系列热继电器

1. 工作原理

热继电器的工作原理是过载电流通过热元件后，使双金属片加热弯曲去推动动作机构来带动触点动作，从而将电动机控制电路断开实现电动机断电停车，起到过载保护的作用。鉴于双金属片受热弯曲过程中，热量的传递需要较长时间，因此，热继电器不能用作短路保护，而只能用作过载保护。

2. 符号

热继电器的图形符号如图4-4-3所示，文字符号是：KH。

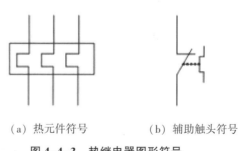

（a）热元件符号　　　（b）辅助触头符号

图 4-4-3　热继电器图形符号

3. 型号及其含义

常见热继电器的型号及其含义如图4-4-4所示。

图4-4-4　热继电器的型号

4. 热继电器的选择

（1）原则上应使热继电器的安秒特性尽可能接近甚至重合电动机的过载特性，或者在电动机的过载特性之下，在电动机短时过载和启动的瞬间，热继电器应不受影响（不动作）。

（2）当热继电器用于保护长期工作制或间断长期工作制的电动机时，一般按电动机的额定电流来选用。例如，热继电器的整定值可等于0.95~1.05倍电动机的额定电流，或者取热继电器额定电流的中值等于电动机的额定电流，然后进行调整。

（3）当热继电器用于保护反复短时工作制的电动机时，热继电器仅有一定范围的适应性。如果短时间内操作次数很多，就要选用带速饱和电流互感器的热继电器。

（4）对于正反转和通断频繁的特殊工作制电动机，不宜采用热继电器作为过载保护装置，而应使用埋入电动机绕组的温度继电器或热敏电阻来保护。

5. 热继电器的安装

（1）当热继电器与其他电器装在一起时，应装在电器下方且远离其他电器50mm以上，以免受其他电器发热的影响。热继电器的安装方向应按产品说明书的规定进行，以确保热继电器在使用时的动作性能相一致。

（2）热继电器周围介质的温度，应和电动机周围介质的温度相同，否则会破坏已调整好的配合情况。

（3）连接导线截面不可太细或太粗，应尽量采用说明书规定的或相近的截面积。

JRS系列热继电器有两种安装方式，如图4-4-5所示。

（二）时间继电器

时间继电器可实现触头延时接通或断开的元器件，根据触头延时的特点，分为通电延时和断电延时两种。常见的有空气阻尼式、电磁式、电动式、电子式等类型，目前使用较广泛的是空气阻尼式时间继电器和电子式时间继电器，两种时间继电器如图4-4-6所示。

（a）安装在专用底座上　　　（b）安装在接触器上

图 4-4-5　JRS 系列热继电器的安装方式

（a）空气阻尼式　　　　　　（b）电子式

图 4-4-6　常用的时间继电器

1. 工作原理

下面以空气阻尼式时间继电器来展开学习，当线圈通电时，衔铁及托板被铁心吸引而瞬时下移，使瞬时动作触点接通或断开。但是活塞杆和杠杆不能同时跟着衔铁一起下落，因为活塞杆的上端连着气室中的橡皮膜，当活塞杆在释放弹簧的作用下开始向下运动时，橡皮膜随之向下凹，上面空气室的空气变得稀薄而使活塞杆受到阻尼作用而缓慢下降。经过一定时间，活塞杆下降到一定位置，便通过杠杆推动延时触点动作，使动断触点断开，动合触点闭合。从线圈通电到延时触点完成动作，这段时间就是继电器的延时时间。延时时间的长短可以用螺钉调节空气室进气孔的大小来改变。

2. 符号

时间继电器的图形符号如图 4-4-7 所示，文字符号是：KT。

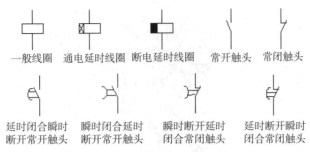

一般线圈　通电延时线圈　断电延时线圈　常开触头　常闭触头

延时闭合瞬时　瞬时闭合延时　瞬时断开延时　延时断开瞬时
断开常开触头　断开常开触头　闭合常闭触头　闭合常闭触头

图 4-4-7　时间继电器的符号

3. 时间继电器的选择

（1）确定继电器是用在直流回路还是交流回路里，并确定线圈额定电压等级，常用为交流 220V、110V 或直流 24V。

（2）确定安装方式，如导轨式、凸出式、嵌入式等（是柜内安装还是面板开孔安装，抽屉柜一般选用导轨式）。

（3）确定所需延时种类，是通电延时还是断电延时，以及延时时间范围和精度等。

4. 时间继电器的安装及整定

如图 4-4-8 所示，工作时动衔铁垂直向下，最大限度保证弹簧失去弹力时动衔铁还能分断。用螺丝刀反复调整定时旋钮即可得到想要的整定时间。

动衔铁

定时旋钮

图 4-4-8　时间继电器

（三）中间继电器

中间继电器在继电保护与自动控制系统中，以增加触点的数量及容量，它在控制电路中用于传递中间信号。图 4-4-9 是常见的 MY 系列中间继电器。

图 4-4-9　MY 系列中间继电器

1. 结构

中间继电器的结构和原理与交流接触器基本相同，与接触器的主要区别在于：接触器的主触头可以通过大电流，而中间继电器的触头只能通过小电流。所以，它只能用于控制电路中。它一般是没有主触点的，因为过载能力比较小。所以它用的全部是辅助触头，数量比较多。

2. 符号

中间继电器的图形符号和接触器一样，如图 4-4-10 所示，文字符号是：KA。

（a）线圈　　　　　（b）常开辅助触头　　　　　（c）常闭辅助触头

图 4-4-10　中间继电器图形符号

3. 中间继电器的选用

（1）触头数量。常见的 MY 系列中间继电器有两组或四组触头。

（2）线圈电压等级。常见的电压等级有交流 110V、220V 和直流 12V、24V。

 技能目标

一、工艺要求

在控制系统中，继电器配合接触器工作，继电器损坏比较常见，请找出表 4-4-2 对应的元件，按表格内容测量相关物理量，并判断该元件的好坏。

表 4-4-2　继电器测试

元件	型号	测量值		元件好坏	备注
热继电器	JRS1Ds-25	原始状态	$R_{95\sim96}=$		
			$R_{97\sim98}=$		
			$R_{2\sim4}=$		
			$R_{2\sim6}=$		
			$R_{4\sim6}=$		
		人为按下测试钮	$R_{95\sim96}=$		
			$R_{97\sim98}=$		
			$R_{2\sim4}=$		
			$R_{2\sim6}=$		
			$R_{4\sim6}=$		
时间继电器	JS7-A	原始状态	R 线圈 $=$		
			线圈上方触头 1R $=$		
			线圈上方触头 2R $=$		
			气囊上方触头 1R $=$		
			气囊上方触头 2R $=$		
		人为让衔铁吸合（并等待延时触头动作）	R 线圈 $=$		
			线圈上方触头 1R $=$		
			线圈上方触头 2R $=$		
			气囊上方触头 1R $=$		
			气囊上方触头 2R $=$		
中间继电器	MY2N-J	原始状态	$R_{13\sim14}=$		
			$R_{5\sim3}=$		
			$R_{5\sim1}=$		
			$R_{6\sim4}=$		
			$R_{6\sim2}=$		
		人为给线圈接能额定电压	$U_{13\sim14}=$		
			$R_{5\sim3}=$		
			$R_{5\sim1}=$		
			$R_{6\sim4}=$		
			$R_{6\sim2}=$		

二、评价表

表 4-4-3　工作任务过程训练评价表

序号	工作过程	工作内容	评分标准	配分	学生自评		教师	
					扣分	得分	扣分	得分
1	资讯	相关知识查找	查找相关知识，初步了解 基本掌握相关知识 较好地掌握相关知识	10				
2	决策	确定方案，编写计划	制订整体设计方案，修改一次扣 2 分；修改两次扣 5 分	10				
3	实施	记录步骤	实施中步骤记录不完整达到 10%，扣 2 分 实施中步骤记录不完整达到 30%，扣 3 分 实施中步骤记录不完整达到 50%，扣 5 分	10				
4	结果评价	元件检查	不观察元件外壳好坏，扣 2 分 用仪表测试元件，仪表使用方法不正确，扣 3 分	5				
		元件数据测量	测量数据错误，每个扣 2 分	10				
		鉴定元件好坏	不能鉴定好坏，扣 45 分	45				
5	职业规范，团队合作	安全文明生产，交流合作，组织协调	不遵守教学场所规章制度，扣 2 分 出现重大事故或人为损坏设备，扣 10 分 出现短路故障，扣 5 分 实训后不清理、清洁现场，扣 3 分	10				
合计				100				

学生自评：

签字　　　　日期

教师评语：

签字　　　　日期

知识检测

1. 既然在控制电路的主电路中装有熔断器，为什么还要装热继电器？装有热继电器是否就可以不装熔断器？

2. 什么是继电器？它主要由哪几部分组成？各部分怎样配合工作？

3. 继电器工作原理分为哪几类？

4. 中间继电器与交流接触器有什么异同？什么情况下可以用中间继电器代替接触器使用？

5. 如何选用中间继电器？

6. 什么是时间继电器？常用的时间继电器有哪几种？

7. 画出时间继电器的符号？

8. 什么是热继电器？双金属片式热继电器主要有哪几部分组成？

9. 什么是热继电器的整定电流？能否调整？怎样调整？

10. 简述双金属片式热继电器的工作原理。它的热元件和常闭触头如何接入电路中？

11. 如何选用热继电器？

单元五

陶瓷企业三相异步电动机及其运行

任务一 三相异步电动机的铭牌及基本结构

任务教学目标	知识目标： 掌握三相异步电动机铭牌上的参数及其意义。
	技能目标： 能根据使用环境和负载正确选用三相异步电动机。
	素质目标： 培养动手能力、学习能力、分析故障和解决问题的能力。

 知识目标

一、任务描述

在陶瓷企业里，从陶土的研磨、浆料的泵送，半成品的传送及抛光，所有的动力源都来自三相异步电动机，三相异步电动机的应用如图 5-1-1 所示。

图 5-1-1（a）由一台三相异步电动机拖动球磨机正反转运行，实现陶土研磨；图 5-1-1（b）由一台三相异步电动机驱动液压马达，从而给两个液压缸供应一定压力的液压油，实现浆料泵送；图 5-1-1（c）由一台三相异步电动机通过链条拖

动传送带上的滚转动,实现半成品传送;图 5-1-1(d)由一台三相异步电动机带动磨片转动,实现半成品的抛光。

(a)球磨机

(b)浆料泵

(c)传送带

(d)抛光机

图 5-1-1 三相异步电动机的应用

二、任务分析

从图 5-1-1 可知,不同的安装环境,不同的负载所用的三相异步电动机都不一样,每一台三相异步电动机都有一块铭牌,我们可以从铭牌上了解这台电动机的参数,常见的三相异步电动机及铭牌如图 5-1-2 所示。

(a)三相异步电动机外形

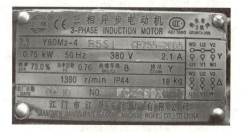

(b)三相异步电动机铭牌

图 5-1-2 三相异步电动机及其铭牌

三、任务材料清单（见表 5-1-1）

表 5-1-1　需要器材清单

名称	型号	数量	备注
三相异步电动机		若干	
三相异步电动机铭牌		若干	

四、相关知识

三相异步电动机铭牌及其意义，如图 5-1-2（b）所示。

（1）型号是：Y80M2-4，其中"Y"表示 Y 系列鼠笼式异步电动机，"80"表示电机的中心高为 80mm，"M"表示中型机座（L 表示长型机座，S 表示短型机座），"2"表示 2 号铁心长；"4"表示 4 极电机。

（2）执行 GB755-2008 标准。

（3）额定功率是 0.75kW，指电动机在额定状态下运行时，其轴上所能输出的机械功率。

（4）额定频率是 50Hz，指电动机在额定状态下运行时，定子绕组所接电源的频率。

（5）额定电压是 380V，指电动机在额定状态下运行时，定子绕组所接电源的线电压。

（6）额定电流是 2.1A，指电动机在额定状态下运行时，定子绕组所流过的电流值。

（7）能量转换效率是 73%。

（8）功率因数是 0.76。

（9）绝缘等级是 B 级。

（10）接法是"Y"（星形接法），三相异步电动机有两种接法，一种是星形接法，另一种是"△"（三角形接法），两种接法如图 5-1-3 所示。

一般情况下，功率小于 4kW 的三相异步电动机接成星形接法，大于 4kW 的三相异步电动机接成三角形接法。

（11）额定速度是 1390r/min，指电动机在额定状态下运行时，转子每分钟的转速。

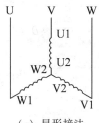 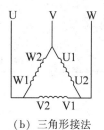

（a）星形接法　　　　　　　　（b）三角形接法

图 5-1-3　三相异步电动机接法

（12）防护等级为 4 级防固体（防止大于 1mm 的固体进入电机），4 级防水（任何方向溅水无害影响），IP 是国际防护的缩写。

（13）电机重量是 18kg。

（14）生产日期是 2009 年 10 月。

（15）产品批次编号是 FC4299X，该编号的意义由厂家自己定义。

 技能目标

一、工艺要求及任务实施

根据图 5-1-2（b），请把表 5-1-2 的内容填写完整。

表 5-1-2　识别电动机铭牌

序号	参数	代表意义	备注
1	"Y80M$_2$-4"中的 Y		
2	"Y80M$_2$-4"中的 80		
3	"Y80M$_2$-4"中的 4		
4	GB755-2008		
5	0.75kW		
6	50Hz		
7	380V		
8	2.1A		
9	Y		
10	1390r/min		
11	18kg		

二、评价表

表 5-1-3　工作任务过程训练评价表

序号	工作过程	工作内容	评分标准	配分	学生自评		教师	
					扣分	得分	扣分	得分
1	资讯	相关知识查找	查找相关知识，初步了解 基本掌握相关知识 较好地掌握相关知识	20				
2	决策	确定方案，编写计划	制订整体设计方案，修改一次扣2分；修改两次扣5分	10				
3	实施	记录步骤	实施中步骤记录不完整达到10%，扣2分 实施中步骤记录不完整达到30%，扣3分 实施中步骤记录不完整达到50%，扣5分	60				
4	职业规范，团队合作	安全文明生产，交流合作，组织协调	不遵守教学场所规章制度，扣2分 出现重大事故或人为损坏设备，扣10分 实训后不清理、清洁现场，扣3分					
合计				100				

学生自评：

签字　　　日期

教师评语：

签字　　　日期

三、知识拓展

为了规范读图、画图，必须采用统一的图形符号和文字符号来表达。目前，我国已发布实施了电气图形和文字符号的有关国家标准，例如：

GB/T 1993-1993 旋转电机冷却方法

GB 20237-2006 起重冶金和屏蔽电机安全要求

GB/T 2900.26-2008 电工术语 控制电机

GB 4831-1984 电机产品型号编制方法

GB 4826-1984 电机功率等级

任务二　三相异步电动机的结构及工作原理

任务教学目标

知识目标：

（1）掌握三相异步电动机的结构。

（2）掌握三相异步电动机定子产生的旋转磁场。

（3）掌握同步转速和异步转速的概念。

技能目标：

能根据使用环境和负载正确选用三相异步电动机。

素质目标：

培养动手能力、学习能力、分析故障和解决问题的能力。

知识目标

一、任务描述

每一台三相异步电动机的工作环境不一样，所拖动的负载也不一样，所以它们的特性和控制方式也都不一样。图5-1-1（a）需要正反转控制、图5-1-1（b）需要长期连续运行、图5-1-1（c）需要连续无级调速控制、图5-1-1（d）需要慢速运行等。了解三相异步电动机的结构和工作原理有助于我们更好地发挥每台电机的特性。

二、任务分析

我们一起来拆装一台三相异步电动机，在拆装的过程中记录步骤。或找一台损坏的三相异步电动机一起把它修好，在修理的过程中要记录步骤及相关参数。

三、任务材料清单（见表5-2-1）

表5-2-1　需要器材清单

名称	型号	数量	备注
三相异步电动机		若干	
损坏的三相异步电动机		若干	
拉马	型号依据电机的大小而定	1	
扳手等工具	型号依据电机的大小而定		

四、相关知识

三相异步电动机主要由静止的定子和转动的转子两大部分组成，其结构如图5-2-1所示。

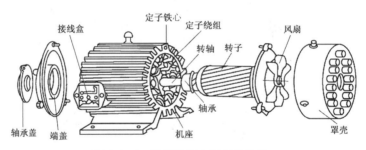

图5-2-1　三相异步电动机的结构

1. 定子的构成

定子由定子铁心、定子绕组和机座三部分组成，如图5-2-2所示。

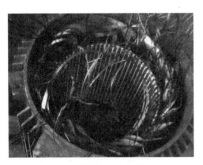

（a）嵌线中的定子

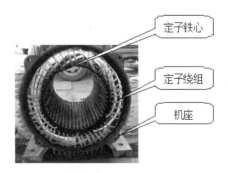

（b）嵌线后的定子

图5-2-2　三相异步电动机的定子

（1）定子铁心。

作用：电机磁路的一部分，并在其上放置定子绕组。

构造：定子铁心一般由厚 0.35~0.5 毫米表面具有绝缘层的硅钢片冲制、叠压而成，在铁心的内圆冲有均匀分布的槽，用以嵌放定子绕组。定子铁心型槽有以下几种：半闭口型槽：电动机的效率和功率因数较高，但绕组嵌线和绝缘都较困难。一般用于小型低压电机中。半开口型槽：可嵌放成型绕组，一般用于大型、中型低压电机。所谓成型绕组即绕组可事先经过绝缘处理后再放入槽内。开口型槽：用以嵌放成型绕组，绝缘方法方便，主要用在高压电机中。

（2）定子绕组。

作用：是电动机的电路部分，通入三相交流电，产生旋转磁场。

构造：由三个在空间互隔 120° 电角度、对称排列的结构完全相同绕组连接而成，这些绕组的各个线圈按一定规律分别嵌放在定子各槽内。三相异步电动机的转动方向跟随旋转磁场的转动方向，电动机接入电源中，任意改变两相的相序就能改变电动机的转动方向。如图 5-2-3 四种接线方式，其中图 5-2-3（a）是顺时针旋转，其他三个图则是逆时针旋转。

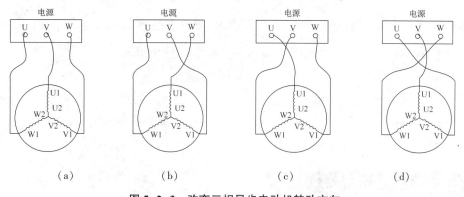

图 5-2-3　改变三相异步电动机转动方向

定子绕组的主要绝缘项目有以下三种（保证绕组的各导电部分与铁心间的可靠绝缘以及绕组本身间的可靠绝缘）：

1）对地绝缘：定子绕组整体与定子铁心间的绝缘。

2）相间绝缘：各相定子绕组间的绝缘。

3）匝间绝缘：每相定子绕组各线匝间的绝缘。

电动机接线盒内的接线：电动机接线盒内都有一块接线板，三相绕组的六个线头排成上下两排，并规定上排三个接线桩自左至右排列的编号为 W2、U2、V2，下排三个接线桩自左至右排列的编号为 U1、V1、W1，将三相绕组接成星形或三角形。凡制造和维修时均应按这个序号排列，如图 5-2-4 所示。

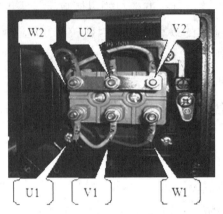

图 5-2-4　三相异步电动机接线盒

（3）机座。

作用：固定定子铁心与前后端盖以支撑转子，并起防护、散热等作用。

构造：机座通常为铸铁件，大型异步电动机机座一般用钢板焊成，微型电动机的机座采用铸铝件。封闭式电机的机座外面有散热筋以增加散热面积，防护式电机的机座两端端盖开有通风孔，使电动机内外的空气可直接对流，以利于散热。

2. 转子的构成

三相异步电动机的转子由转子铁心和转子绕组组成，如图 5-2-5 所示。

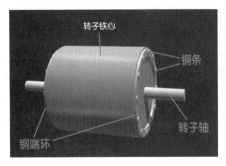

（a）转子效果

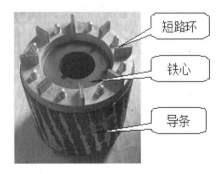

（b）转子实物

图 5-2-5　三相异步电动机转子

（1）三相异步电动机的转子铁心。

作用：作为电机磁路的一部分以及在铁心槽内放置转子绕组。

构造：所用材料与定子一样，由厚0.5毫米的硅钢片冲制、叠压而成，硅钢片外圆冲有均匀分布的孔，用来安置转子绕组。通常用定子铁心冲落后的硅钢片内圆来冲制转子铁心。一般小型异步电动机的转子铁心直接压装在转轴上，大、中型异步电动机（转子直径为300~400mm）的转子铁心则借助与转子支架压在转轴上。

（2）三相异步电动机的转子绕组。

作用：切割定子旋转磁场产生感应电动势及电流，并形成电磁转矩而使电动机旋转。

构造：分为鼠笼式转子和绕线式转子。

1）鼠笼式转子：转子绕组由插入转子槽中的多根导条和两个短路环组成。若去掉转子铁心，整个绕组的外形像一个鼠笼，故称笼型绕组。小型笼型电动机采用铸铝转子绕组，100kW以上的电动机采用铜条和铜端环焊接而成，如图5-2-5（b）所示。鼠笼转子分为：阻抗型转子、单鼠笼型转子、双鼠笼型转子、深槽式转子几种，起动转矩等特性各有不同。

2）绕线式转子：绕线转子绕组与定子绕组相似，也是一个对称的三相绕组，一般接成星形，三个出线头接到转轴的三个集流环上，再通过电刷与外电路连接。

特点：结构较复杂，故绕线式电动机的应用不如鼠笼式电动机广泛。但通过集流环和电刷在转子绕组回路中串入附加电阻等元件，用以改善异步电动机的起、制动性能及调速性能，故要求在一定范围内进行平滑调速的设备，如吊车、电梯、空气压缩机等上面采用。

3.其他附件

（1）端盖：支撑作用。

（2）轴承：连接转动部分与不动部分。

（3）轴承端盖：保护轴承。

（4）风扇：冷却电动机。

技能目标

一、工艺要求

准备一台性能良好的三相异步电动机，把接线盒里的短接片拆掉，每个接线柱引出一根软导线，并给每一根引出线标号码（如 1、2、3、4、5、6）。学生在不知情的情况下用万用表找出哪两个号的引出线是同一相绕组。

表 5-2-2　三相异步电动机测试

序号	电阻				
1	$R_{1\sim2}=$	$R_{2\sim3}=$	$R_{3\sim4}=$	$R_{4\sim5}=$	$R_{5\sim6}=$
2	$R_{1\sim3}=$	$R_{2\sim4}=$	$R_{3\sim5}=$	$R_{4\sim6}=$	
3	$R_{1\sim4}=$	$R_{2\sim5}=$	$R_{3\sim6}=$		
4	$R_{1\sim5}=$	$R_{2\sim6}=$			
5	$R_{1\sim6}=$				
6	结论：＿＿号和＿＿号是一相绕组；＿＿号和＿＿号是一相绕组；＿＿号和＿＿号是一相绕组；				
7	备注				

二、任务实施

实施步骤如图 5-2-6 所示。

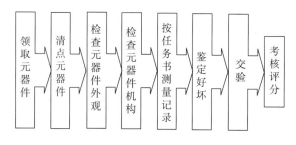

图 5-2-6　实施步骤

三、评价表

表 5-2-3 工作任务过程训练评价表

序号	工作过程	工作内容	评分标准	配分	学生自评		教师	
					扣分	得分	扣分	得分
1	资讯	相关知识查找	查找相关知识，初步了解 基本掌握相关知识 较好地掌握相关知识	20				
2	决策	确定方案，编写计划	制订整体设计方案，修改一次扣2分；修改两次扣5分	10				
3	实施	记录步骤	实施中步骤记录不完整达到10%，扣2分 实施中步骤记录不完整达到30%，扣3分 实施中步骤记录不完整达到50%，扣5分	60				
4	职业规范，团队合作	安全文明生产，交流合作，组织协调	不遵守教学场所规章制度，扣2分 出现重大事故或人为损坏设备，扣10分 实训后不清理、清洁现场，扣3分	10				
合计				100				

学生自评：

签字　　　日期

教师评语：

签字　　　日期

任务三　三相异步电动机的选择及防护

任务教学目标	**知识目标:**
	(1) 掌握选择三相异步电动机的方法。
	(2) 掌握安装三相异步电动机的注意事项。
	技能目标:
	能去防护在设备上的三相异步电动机。
	素质目标:
	培养动手能力、学习能力、分析故障和解决问题的能力。

 知识目标

一、任务描述

如果某台设备上的三相异步电动机经常烧毁,证明这台三相异步电动机的选型是不合格的,怎么重新选择呢?新的三相异步电动安装完成后,该怎么去保护它呢?

二、任务分析

教学场地较难实现针对某一现场选择一台三相异步电动机,所以我们将采用头脑风暴法来学习这一任务。

三、任务材料清单 (见图表5-3-1)

表5-3-1　需要器材清单

名称	型号	数量	备注
黑板或白板		2	
张贴卡纸		若干	
彩色笔		若干	

四、相关知识

(一) 三相异步电动机的选择

电动机是电力拖动系统的核心，为了使设备可靠、安全、经济、合理地工作，必须正确地选择电动机。一般选择电动机要遵循以下原则：

1. 功率的选择

电动机的功率根据负载的情况选择合适的功率，选大了虽然能保证正常运行，但是不经济，电动机的效率和功率因数都不高，造成电力浪费，同时也增加设备的投入；选小了就不能保证电动机和生产机械的正常运行，不能充分发挥生产机械的效能，由于电动机负担过重，电动机长期过载运行，使绕组发热严重，促使电动机绝缘迅速老化，大大缩短电动机的寿命。

(1) 连续运行电动机功率的选择。对连续运行的电动机，先算出生产机械的功率，加上机械传动过程中的功率损失，所选电动机的额定功率稍大于生产机械的功率即可。

(2) 短时运行电动机功率的选择。如果没有合适的专为短时运行设计的电动机，可选用连续运行的电动机。由于发热惯性，在短时运行时可以容许过载。工作时间愈短，则过载可以愈大。但电动机的过载是受到限制的，通常是根据过载系数 λ 来选择短时运行电动机的功率，电动机的额定功率可以是生产机械所要求功率的 1/λ。

2. 种类的选择

选择电动机的种类是从交流或直流、机械特性、调速与起动性能、维护及价格等方面来考虑的。

(1) 交、直流电动机的选择。如没有特殊要求，一般都采用交流电动机。

(2) 鼠笼式与绕线式的选择。三相鼠笼式异步电动机结构简单，坚固耐用，工作可靠，价格低廉，维护方便，但调速困难，功率因数较低，启动性能较小。因此，在要求机械特性较硬而无特殊调速要求的一般生产机械的拖动应尽可能采用鼠笼式电动机。

3. 电压和转速的选择

(1) 电压的选择。电动机电压等级的选择，要根据电动机类型、功率以及使用地点的电源电压来决定。Y 系列鼠笼式电动机的额定电压只有 380V 一个等级。只有大功率异步电动机才采用 3000V 和 6000V。

(2) 转速的选择。电动机的额定转速是根据生产机械的要求而选定的，但通常不低于 500r/min。因为当功率一定时，电动机的转速愈低，则其尺寸愈大，价格愈贵，且效率也较低。因此，就不如购买一台高速电动机再另配减速器来得合算。

4. 结构型式的选择

电动机的结构型式按安装位置的不同，分为卧式和立式两种，就根据生产机械来选择。卧式电动机的转轴是水平安装，立式电动机的转轴是垂直安装，立式电动机和卧式电动机的轴承是不同的，因此不能随便混用。

5. 防护形式的选择

电动机常制成以下几种结构型式：

（1）开启式。在构造上无特殊防护装置，用于干燥无灰尘且通风非常良好的场所。

（2）防护式。在机壳或端盖下面有通风罩，以防止铁屑等杂物掉入。也有将外壳做成挡板状，以防止在一定角度内有雨水溅入其中。

（3）封闭式。它的外壳严密封闭，靠自身风扇或外部风扇冷却，并在外壳带有散热片。适用于灰尘多、潮湿或含有酸性气体的场所。

（4）防爆式。整个电机严密封闭，适用于有爆炸性气体的场所。

6. 安装结构型式的选择

（1）机座带底脚，端盖无凸缘。

（2）机座不带底脚，端盖有凸缘。

（3）机座带底脚，端盖有凸缘。

（二）三相异步电动机的防护

为了保证电动机的正常工作，除了按操作规程使用外，在运行过程中必须加强监视和维护，还定期进行维护保养工作，这样可以及时消除一些问题，防止小问题变成大问题，保证电动机安全可靠地运行。定期保养的时间间隔可根据使用环境和负载大小而定。

 技能目标

一、工艺要求及任务实施

请运用所学到的知识填写思维图 5-3-1，或按照图 5-3-1 的样式自己设计，填得越多越好。

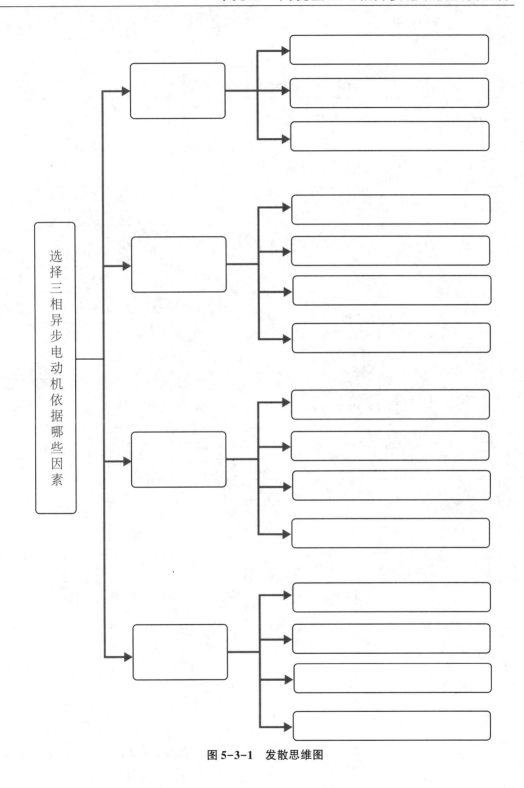

图 5-3-1 发散思维图

二、评价表

表 5-3-2　工作任务过程训练评价表

序号	工作过程	工作内容	评分标准	配分	学生自评		教师	
					扣分	得分	扣分	得分
1	资讯	相关知识查找	查找相关知识，初步了解 基本掌握相关知识 较好地掌握相关知识	20				
2	决策	确定方案，编写计划	制定整体设计方案，修改一次扣2分；修改两次扣5分	10				
3	实施	记录步骤	填写内容相近，每处加2分 填写内容符合，每处加3分 填写内容精准，每处加5分 填写内容不对的，不加分，也不扣分	60				
4	职业规范，团队合作	安全文明生产，交流合作，组织协调	不遵守教学场所规章制度，扣2分 出现重大事故或人为损坏设备，扣10分 实训后不清理、清洁现场，扣3分					
合计				100				

学生自评：

签字　　　　日期

教师评语：

签字　　　　日期

任务四　三相异步电动机的启动及故障分析

任务教学目标	知识目标：
	（1）掌握三相异步电动机的启动。
	（2）掌握三相异步电动机常见故障分析。
	技能目标：
	能直接启动三相异步电动机。
	素质目标：
	培养动手能力、学习能力、分析故障和解决问题的能力。

 **知识目标**

一、任务描述

三相异步电动机控制系统中，控制电路的原理及安装与维修技能是维修电工必须掌握的基础知识和基本技能，该任务通过点动控制电路来学习运行控制电路。

二、任务分析

点动控制电路是电力拖动中最简单的控制电路，这一任务中，通过安装点动控制电路，掌握继电控制电路的安装方式；通过排除点动控制电路故障，掌握排除继电控制电路故障的技能。

三、任务材料清单（见表5-4-1）

表5-4-1　需要器材清单

名称	型号	数量	备注
三相异步电动机	4kW 以下	1	

续表

名称	型号	数量	备注
SW010 安装板	SW010	1	
常用电工工具		1	
万用表	FM47	1	
导线	2.5mm²	若干	
导线	1.5mm²	若干	

四、相关知识

（一）工作原理

点动控制是指按下按钮，电动机就通电运行，松开按钮，电动机就断电停止。点动控制的应用非常广，如起重机上的电动机，车床上的快速移动电动机，机床中的对刀电机等。点动控制电路的原理如图 5-4-1 所示。

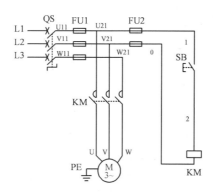

图 5-4-1　点动控制电路原理

电路的工作原理是：

先合上转换开关 QS→按下按钮 SB→接触器 KM 线圈得电→接触器 KM 主触头闭合→电动机得电启动运行。

松开按钮→接触器 KM 线圈失电→接触器 KM 主触头复位（断开）→电动机失电停止运行→断开转换开关 QS。

点动控制电路接线如图 5-4-2 所示。

（二）故障分析

（1）电路安装完毕后，先不接电动机与控制板之间的连接线，必须认真检查确

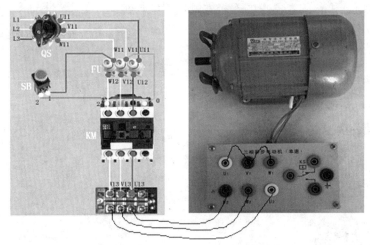

图 5-4-2　点动控制电路接线示意图

认无误。

1）检查线路连接的正确性。按电路原理图从电源端开始，逐根检查导线对接线端子处线号是否正确，有无错漏，检查导线接点是否符合要求，压接是否牢固。

2）用万用表检查电路。按照表 5-4-2 所列内容，用万用表检测安装好的电路，注意选择合适的挡位，如用欧姆挡要进行欧姆调零，如果测量结果与正确值不相符，应对原理图进行故障分析并排除故障。

表 5-4-2　点动控制线路检测

前提条件	测量前操作	测量值	说明
断开电动机连接线，断开 QS		FU2 进线端 $R_{U21 \sim V21} = \infty$	控制电路启动前无短路故障
	按住 SB 不放	FU2 进线端 $R_{U21 \sim V21} \approx 100$ 欧	控制电路正常，100 欧是 KM 线圈电阻
		FU1 进线端 $R_{U11 \sim V11} = R_{U11 \sim W11} = R_{V11 \sim W11} = \infty$	主电路启动前无短路故障
	取出 FU2 熔体，人为让接触器触头闭合	FU1 进线端 $R_{U11 \sim V11} = R_{U11 \sim W11} = R_{V11 \sim W11} = \infty$	主电路启动后无短路故障

（2）按电动机铭牌上要求的连接方式接好电动机。

（3）学生自检后，请老师检查，老师确认无误后方可接通三相电源线。

（4）通电试车。

1）清理好工作台。

2）提醒本组人员注意。

3）通电试车时，旁边要有同学监护，如出现故障应及时断电，查找并排除故障。成功之前每次通电试车均按第一次的要求去操作。

4）试车结束，要先断电才能拆电源线。

 技能目标

一、工艺要求

（1）如图 5-4-3 所示实训板上安装点动控制电路。

图 5-4-3　电力拖动安装板

（2）通电试车成功后，由老师在隐蔽处设置一个开路故障，让学生去排除故障。

二、任务实施

1. 安装点动控制电路

实施步骤如图 5-4-4 所示。

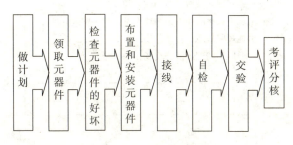

图 5-4-4　实施步骤

表 5-4-3　电路安装任务过程训练评价表

序号	工作过程	工作内容	评分标准	配分	学生自评		教师	
					扣分	得分	扣分	得分
1	资讯	相关知识查找	查找相关知识，初步了解 基本掌握相关知识 较好地掌握相关知识	10				
2	决策	确定方案，编写计划	制订整体设计方案，修改一次扣 2 分；修改两次扣 5 分	10				
3	实施	记录步骤	实施中步骤记录不完整达到 10%，扣 2 分 实施中步骤记录不完整达到 30%，扣 3 分 实施中步骤记录不完整达到 50%，扣 5 分	10				
4	结果评价	元件检查	不能用仪表检查元件好坏，扣 2 分 仪表使用方法不正确，扣 3 分	5				
		元件安装	布局不符合规范，每个扣 2 分 元件安装不牢固，漏装，扣 2 分 元件安装中损坏，每个扣 2 分	10				
		布线	接线不紧固、接点松动，每处扣 2 分 不符合安装工艺规范，每处扣 2 分 不按图接线，每处扣 2 分	25				
		调试效果	第一次调试不成功扣 10 分 第二次调试不成功扣 20 分 第三次调试不成功扣 30 分	20				

续表

序号	工作过程	工作内容	评分标准	配分	学生自评		教师	
					扣分	得分	扣分	得分
5	职业规范,团队合作	安全文明生产,交流合作,组织协调	不遵守教学场所规章制度,扣2分 出现重大事故或人为损坏设备,扣10分 出现短路故障,扣5分 实训后不清理、清洁现场,扣3分	10				
合计				100				

学生自评：

签字   日期

教师评语：

签字   日期

2. 故障检修

（1）元件故障及检修。

（2）线路故障及检修。

（3）考核评分。

表 5-4-4　检修电气线路评分表

序号	主要内容	考核要求	评分标准	配分	扣分	得分
1	调查研究	对每个故障现象进行调查研究	排除故障前不进行调查研究,每处扣10分	35		
2	故障分析	在电气控制线路图上分析故障可能的原因,思路正确	标错或标不出故障范围,每处扣5分 不能标出最小故障范围,每处扣5分	30		

序号	主要内容	考核要求	评分标准	配分	扣分	得分
3	故障排除	正确使用工具和仪表，找出故障点并排除故障	实际排除故障中思路不清楚，每个扣10分 每少查出一次故障点扣5分 每少排除一次故障点扣10分 排除故障方法不正确，每处扣10分	35		
4	其他	操作有误，要从此项总分中扣分	排除故障时，产生新的故障后不能自行修复，每个扣10分；已经修复，每个扣5分 出现重大事故或人为损坏设备，扣10分 实训后不清理、清洁现场，扣3分			
学生签名： 日期			合计	100		
			教师签名： 日期			

三、知识拓展

为了表达电气控制系统的设计意图，便于分析其工作原理、安装、调试和检修控制系统，必须采用统一的图形符号和文字符号来表达。目前，我国已发布实施了电气图形和文字符号的有关国家标准，例如：

GB/T 4728.1—2005 电气简图用图形符号 第1部分：一般要求

GB/T 4728.2—1996~2000 电气简图用图形符号

GB/T 5094 电气技术中的项目代号

GB/T 5226 机床电气设备通用技术条件

GB/T 7159 电气技术中的文字符号制定通则

GB/T 6988 电气制图

任务五　点动与连续运行及故障分析

任务教学目标

知识目标：

（1）掌握三相异步电动机连续运行的方法。

（2）掌握三相异步电动机较复杂的故障分析。

技能目标：

（1）能安装较复杂的电动机控制电路。

（2）能排除较复杂的电动机控制电路故障。

素质目标：

培养动手能力、学习能力、分析故障和解决问题的能力。

 知识目标

一、任务描述

设备在正常工作时，一般需要电动机处于连续工作状态，但是在调试或者调整刀具时，又需要电动机能点动控制，实现这种工艺要求的线路是点动与连续混合控制线路，这一任务通过点动与连续控制电路来学习较复杂的继电控制电路。

二、任务分析

这一任务中，通过安装点动与连续控制电路，掌握较复杂继电控制电路的安装方式；通过排除点动与连续控制电路故障，掌握排除较复杂继电控制电路故障的技能。图5-5-1是学习这一任务所用到的安装板。

三、任务材料清单（见表 5-5-1）

表 5-5-1　需要器材清单

名称	型号	数量	备注
三相异步电动机	4kW 以下	1	
SW010 安装板	SW010	1	
常用电工工具		1	
万用表	FM47	1	
导线	2.5mm²	若干	
导线	1.5mm²	若干	

四、相关知识

（一）工作原理

点动与连续运行控制电路，就是在点动控制电路的基础上加连续运行控制的功能。所谓的连续运行就是操作者按下启动按钮，电动机得电启动，放开按钮后电动机继续得电运行；只有按下停止按钮时，电动机才断电停止。实现连续运行的方法是在启动按钮两端并联一个接触器的常开辅助触头，这种现象叫自锁。点动与连续运行控制电路的原理如图 5-5-1 所示。

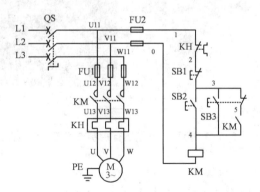

图 5-5-1　点动与连续运行控制电路原理

电路的工作原理是：

1. 连续运行

先合上转换开关 QS→按下按钮 SB2→接触器 KM 线圈得电→接触器 KM 的常开辅助触头闭合实现自锁→接触器 KM 主触头闭合→电动机得电启动运行→放开 SB2→

电流经过 3 号、5 号、4 号线持续给 KM 线圈供电,所以电动机继续运行。

停止时按下 SB1→接触器 KM 线圈失电→接触器 KM 主触头复位(断开)→电动机失电停止运行→断开转换开关 QS。

2. 点动运行

合上转换开关 QS→按下按钮 SB3(复合按钮的常闭触头先断开,常开触头才闭合)→SB3 常闭触头断开 3 号线和 5 号线的连接,从而断开 KM 线圈的自锁支路→SB3 常开触头闭合→接触器 KM 线圈得电→接触器 KM 主触头闭合→电动机得电启动运行。

放开 SB3→接触器 KM 线圈失电→接触器 KM 主触头复位(断开)→电动机失电停止运行→断开转换开关 QS。

点动与连续运行控制电路接线示意图如图 5-5-2 所示。

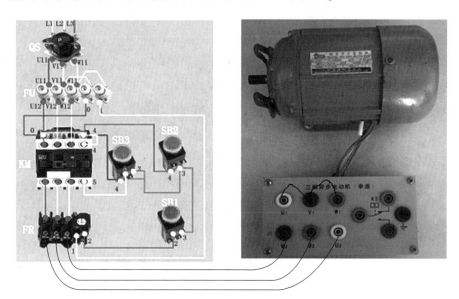

图 5-5-2　点动与连续运行控制电路接线示意图

(二)故障分析

(1)电路安装完毕后,先不接电动机与控制板之间的连接线,必须认真检查确认无误。

1)检查线路连接的正确性。按电路原原理图从电源端开始,逐根检查导线对接线端子处线号是否正确,有无错漏,检查导线接点是否符合要求,压接是否牢固。

2）用万用表检查电路。按照表5-5-2所列内容，用万用表检测安装好的电路，注意选择合适的挡位，如用欧姆挡要进行欧姆调零，如果测量结果与正确值不相符，应对原理图进行故障分析并排除故障。

表 5-5-2　点动与连续运行控制电路检测

前提条件	测量前操作	测量值	说明
断开电动机连接线，断开QS		FU2 进线端 $R_{U11\sim V11} = \infty$	控制电路启动前无短路故障
	按住 SB2 不放	FU2 进线端 $R_{U11\sim V11} \approx 100$ 欧	控制电路正常，100 欧是 KM 线圈电阻
	按住 SB3 不放	FU2 进线端 $R_{U11\sim V11} \approx 100$ 欧	控制电路正常，100 欧是 KM 线圈电阻
	人为让接触器触头闭合	FU2 进线端 $R_{U11\sim V11} \approx 100$ 欧	控制电路正常，100 欧是 KM 线圈电阻
		FU1 进线端 $R_{U11\sim V11} = R_{U11\sim W11} = R_{V1\sim W11} = \infty$	主电路启动前无短路故障
	取出 FU2 熔体，人为让接触器触头闭合	FU1 进线端 $R_{U11\sim V11} = R_{U11\sim W11} = R_{V1\sim W11} = \infty$	主电路启动后无短路故障

（2）按电动机铭牌上要求的连接方式接好电动机。

（3）学生自检后，请老师检查，老师确认无误后方可接通三相电源线。

（4）通电试车。

1）清理好工作台。

2）提醒本组人员注意。

3）通电试车时，旁边要有同学监护，如出现故障应及时断电，查找并排除故障。成功之前每次通电试车均按第一次的要求去操作。

4）试车结束，要先断电才能拆电源线。

 技能目标

一、工艺要求

（1）在如图5-5-3所示的实训板上安装点动与连续运行控制电路。

图 5-5-3　电力拖动安装板

（2）通电试车成功后，由老师在隐蔽处设计一个开路故障，让学生去排除故障。

二、任务实施

1. 安装点动与连续运行控制电路

实施步骤如图 5-5-4 所示。

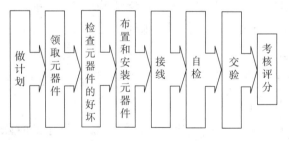

图 5-5-4　实施步骤

表 5-5-3　电路安装任务过程训练评价表

序号	工作过程	工作内容	评分标准	配分	学生自评		教师	
					扣分	得分	扣分	得分
1	资讯	相关知识查找	查找相关知识，初步了解 基本掌握相关知识 较好地掌握相关知识	10				

序号	工作过程	工作内容	评分标准	配分	学生自评		教师	
					扣分	得分	扣分	得分
2	决策	确定方案，编写计划	制订整体设计方案，修改一次扣2分；修改两次扣5分	10				
3	实施	记录步骤	实施中步骤记录不完整达到10%，扣2分 实施中步骤记录不完整达到30%，扣3分 实施中步骤记录不完整达到50%，扣5分	10				
4	结果评价	元件检查	不能用仪表检查元件好坏，扣2分 仪表使用方法不正确，扣3分	5				
		元件安装	布局不符合规范，每个扣2分 元件安装不牢固、漏装，扣2分 元件安装中损坏，每个扣2分	10				
		布线	接线不紧固、接点松动，每处扣2分 不符合安装工艺规范，每处扣2分 不按图接线，每处扣2分	25				
		调试效果	第一次调试不成功扣10分 第二次调试不成功扣20分 第三次调试不成功扣30分	20				
5	职业规范，团队合作	安全文明生产，交流合作，组织协调	不遵守教学场所规章制度，扣2分 出现重大事故或人为损坏设备，扣10分 出现短路故障，扣5分 实训后不清理、清洁现场，扣3分	10				
合计				100				

学生自评：

签字　　　　日期

教师评语：

签字　　　　日期

2. 故障检修

（1）元件故障及检修。

（2）线路故障及检修。

（3）考核评分。

表 5-5-4　检修电气线路评分表

序号	主要内容	考核要求	评分标准	配分	扣分	得分
1	调查研究	对每个故障现象进行调查研究	排除故障前不进行调查研究，每处扣10分	35		
2	故障分析	在电气控制线路图上分析故障可能的原因，思路正确	标错或标不出故障范围，每处扣5分 不能标出最小故障范围，每处扣5分	30		
3	故障排除	正确使用工具和仪表，找出故障点并排除故障	实际排除故障中思路不清楚，每个扣10分 每少查出一次故障点扣5分 每少排除一次故障点扣10分 排除故障方法不正确，每处扣10分	35		
4	其他	操作有误，要从此项总分中扣分	排除故障时，产生新的故障后不能自行修复，每个扣10分；已经修复，每个扣5分 出现重大事故或人为损坏设备，扣10分 实训后不清理、清洁现场，扣3分			
学生签名： 日期		合计		100		
		教师签名： 日期				

任务六　双重联锁正反转控制线路及故障分析

<table>
<tr><td rowspan="7">任务教学目标</td><td>知识目标：</td></tr>
<tr><td>（1）掌握双重联锁的实现方法。</td></tr>
<tr><td>（2）掌握三相异步电动机复杂故障分析。</td></tr>
<tr><td>技能目标：
（1）能安装复杂电动机控制电路。
（2）能排除复杂电动机控制电路故障。</td></tr>
<tr><td>素质目标：
培养动手能力、学习能力、分析故障和解决问题的能力。</td></tr>
</table>

 知识目标

一、任务描述

单向运行控制只能使电动机朝一个方向旋转，但现实生产中很多机器要求运动部件能正反两个方向旋转。如机床工作台的前进和后退、主轴电机的正转和反转、刨床工件台的往复运动、起重机的上升和下降等，这些生产机械要求拖动电动机能实现正反转控制。这一任务通过双重联锁正反转控制电路来学习复杂的继电控制电路。

二、任务分析

通过安装双重联锁正反转控制电路，掌握复杂继电控制电路的安装方式；通过排除双重联锁正反转控制电路故障，掌握排除复杂继电控制电路故障的技能。

三、任务材料清单（见表5-6-1）

表 5-6-1　需要器材清单

名称	型号	数量	备注
三相异步电动机	4kW 以下	1	
SW010 安装板	SW010	1	
常用电工工具		1	
万用表	FM47	1	
导线	2.5mm²	若干	
导线	1.5mm²	若干	

四、相关知识

（一）工作原理

如图 5-6-1 所示，如果 KM1 和 KM2 的主触头同时闭合，就会造成 U 相电源和 W 相电源短路，这种相间短路的现象对供电系统危害性极大。我们在设计电路的时候应保证 KM1 和 KM2 的线圈不能同时得电。这种某两个接触器线圈不能同时得电的现象就叫联锁，继电控制电路中常见的联锁有接触器联锁和按钮联锁，如果两种同时使用，则称为双重联锁。

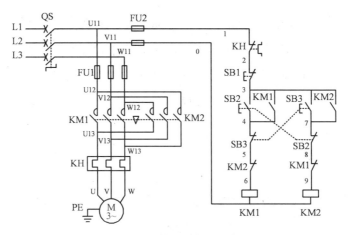

图 5-6-1　双重联锁正反转控制电路原理

接触器联锁实现的方法是在接触器线圈支路上串联另一个接触器的常闭辅助触头。按钮联锁实现的方法是在接触器线圈支路上串联另一个接触器启动按钮的常闭辅助触头。

双重联锁正反转控制电路的工作原理是：

1. 启动正向运行

先合上转换开关 QS→按下按钮 SB2→SB2 常闭触头先分断，断开 7 号线与 8 号线的连接，断开 KM2 线圈支路，使 KM2 线圈不能得电，从而实现按钮联锁→SB2 常开触头闭合，接通 3 号线和 4 号线→KM1 线圈得电→KM1 常闭辅助触头分断，断开 8 号线与 9 号线的连接，断开 KM2 线圈支路，使 KM2 线圈不能得电，从而实现接触器联锁→KM1 常开辅助触头闭合，实现自锁→KM1 主触头闭合→电动机得电正向启动运行。

2. 启动反向运行

先合上转换开关 QS→按下按钮 SB3→SB3 常闭触头先分断，断开 4 号线与 5 号线的连接，断开 KM1 线圈支路，使 KM1 线圈不能得电，从而实现按钮联锁→SB3 常开触头闭合，接通 3 号线和 7 号线→KM2 线圈得电→KM2 常闭辅助触头分断，断开 5 号线与 6 号线的连接，断开 KM1 线圈支路，使 KM1 线圈不能得电，从而实现接触器联锁→KM2 常开辅助触头闭合，实现自锁→KM2 主触头闭合→电动机得电反向启动运行。

3. 停止

停止时按下 SB1→接触器 KM1 和 KM2 线圈失电→接触器 KM1 和 KM2 主触头复位（分断）→电动机失电停止运行→断开转换开关 QS。

4. 过载保护

当电动机过载时，热继电器的常闭辅助触头分断→接触器 KM1 和 KM2 线圈失电→接触器 KM1 和 KM2 主触头复位（分断）→电动机失电停止运行。

双重联锁正反转控制电路接线示意图如图 5-6-2 所示。

（二）故障分析

（1）电路安装完毕后，先不接电动机与控制板之间的连接线，必须认真检查确认无误。

1）检查线路连接的正确性。按电路原原理图从电源端开始，逐根检查导线对接线端子处线号是否正确，有无错漏，检查导线接点是否符合要求，压接是否牢固。

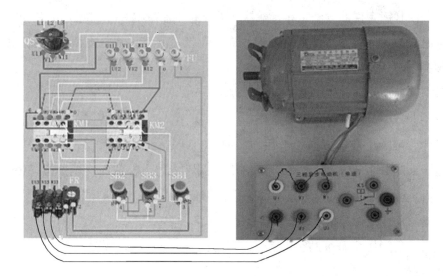

图 5-6-2 双重联锁正反转控制电路接线示意图

2）用万用表检查电路。按照表 5-6-2 所列内容，用万用表检测安装好的电路，注意选择合适的挡位，如用欧姆挡要进行欧姆调零，如果测量结果与正确值不相符，应对原理图进行故障分析并排除故障。

表 5-6-2 双重联锁正反转控制电路检测

前提条件	测量前操作	测量值	说明
断开电动机连接线，断开 QS		FU2 进线端 $R_{U11\sim V11} = \infty$	控制电路启动前无短路故障
	按住 SB2 不放	FU2 进线端 $R_{U11\sim V11} \approx 100$ 欧	100 欧是 KM1 线圈电阻
	按住 SB3 不放	FU2 进线端 $R_{U11\sim V11} \approx 100$ 欧	100 欧是 KM2 线圈电阻
	按住 SB2 不放，在测量过程中按下 SB3	按 SB3 前 FU2 进线端 $R_{U11\sim V11} \approx 100$ 欧，按 SB3 后 FU2 进线端 $R_{U11\sim V11} = \infty$	KM1 线圈的按钮联锁正常
	按住 SB3 不放，在测量过程中按下 SB2	按 SB2 前 FU2 进线端 $R_{U11\sim V11} \approx 100$ 欧，按 SB2 后 FU2 进线端 $R_{U11\sim V11} = \infty$	KM2 线圈的按钮联锁正常

前提条件	测量前操作	测量值	说明
断开电动机连接线，断开 QS	按住 SB2 不放，在测量过程中人为让 KM2 触头闭合	KM2 触头闭合前 FU2 进线端 $R_{U11 \sim V11} \approx 100$ 欧，KM2 触头闭合后 FU2 进线端 $R_{U11 \sim V11} = \infty$	KM1 线圈的接触器联锁正常
	按住 SB3 不放，在测量过程中人为让 KM1 触头闭合	KM1 触头闭合前 FU2 进线端 $R_{U11 \sim V11} \approx 100$ 欧，KM1 触头闭合后 FU2 进线端 $R_{U11 \sim V11} = \infty$	KM2 线圈的接触器联锁正常
		FU1 进线端 $R_{U11 \sim V11} = R_{U11 \sim W11} = R_{V1 \sim W11} = \infty$	主电路启动前无短路故障
	取出 FU2 熔体，人为让 KM1 或 KM2 触头闭合	FU1 进线端 $R_{U11 \sim V11} = R_{U11 \sim W11} = R_{V1 \sim W11} = \infty$	主电路启动后无短路故障

（2）按电动机铭牌上要求的连接方式接好电动机。

（3）学生自检后，请老师检查，老师确认无误后方可接通三相电源线。

（4）通电试车。

1）清理好工作台。

2）提醒本组人员注意。

3）通电试车时，旁边要有同学监护，如出现故障应及时断电，查找并排除故障。成功之前每次通电试车均按第一次的要求去操作。

4）试车结束，要先断电才能拆电源线。

技能目标

一、工艺要求

（1）在如图 5-6-3 所示的实训板上安装双重联锁正反转控制电路。

（2）通电试车成功后，由老师在隐蔽处设计一个开路故障，让学生去排除故障。

图 5-6-3　电力拖动安装板

二、任务实施

1. 安装双重联锁正反转控制电路

实施步骤如图 5-6-4 所示。

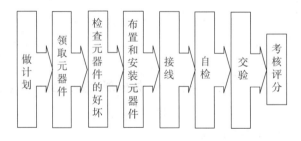

图 5-6-4　实施步骤

表 5-6-3　电路安装任务过程训练评价表

序号	工作过程	工作内容	评分标准	配分	学生自评		教师	
					扣分	得分	扣分	得分
1	资讯	相关知识查找	查找相关知识，初步了解 基本掌握相关知识 较好地掌握相关知识	10				

序号	工作过程	工作内容	评分标准	配分	学生自评		教师	
					扣分	得分	扣分	得分
2	决策	确定方案，编写计划	制订整体设计方案，修改一次扣2分；修改两次扣5分	10				
3	实施	记录步骤	实施中步骤记录不完整达到10%，扣2分 实施中步骤记录不完整达到30%，扣3分 实施中步骤记录不完整达到50%，扣5分	10				
4	结果评价	元件检查	不能用仪表检查元件好坏，扣2分 仪表使用方法不正确，扣3分	5				
		元件安装	布局不符合规范，每个扣2分 元件安装不牢固，漏装，扣2分 元件安装中损坏，每个扣2分	10				
		布线	接线不紧固、接点松动，每处扣2分 不符合安装工艺规范，每处扣2分 不按图接线，每处扣2分	25				
		调试效果	第一次调试不成功扣10分 第二次调试不成功扣20分 第三次调试不成功扣30分	20				
5	职业规范，团队合作	安全文明生产，交流合作，组织协调	不遵守教学场所规章制度，扣2分 出现重大事故或人为损坏设备，扣10分 出现短路故障，扣5分 实训后不清理、清洁现场，扣3分	10				
合计				100				

学生自评：

签字　　　日期

教师评语：

签字　　　日期

2．故障检修

（1）元件故障及检修。

（2）线路故障及检修。

（3）考核评分。

表 5-6-4　检修电气线路评分表

序号	主要内容	考核要求	评分标准	配分	扣分	得分
1	调查研究	对每个故障现象进行调查研究	排除故障前不进行调查研究，每处扣10分	35		
2	故障分析	在电气控制线路图上分析故障可能的原因，思路正确	标错或标不出故障范围，每处扣5分 不能标出最小故障范围，每处扣5分	30		
3	故障排除	正确使用工具和仪表，找出故障点并排除故障	实际排除故障中思路不清楚，每处扣10分 每少查出一次故障点扣5分 每少排除一次故障点扣10分 排除故障方法不正确，每处扣10分	35		
4	其他	操作有误，要从此项总分中扣分	排除故障时，产生新的故障后不能自行修复，每个扣10分；已经修复，每个扣5分 出现重大事故或人为损坏设备，扣10分 实训后不清理、清洁现场，扣3分			
学生签名： 日期			合计	100		
			教师签名： 日期			

 知识检测

一、单项选择题

1．改变通入三相异步电动机电源相序就可以使电动机（　　）。

A．停速　　　　　　B．减速　　　　　　C．反转　　　　　　D．减压起动

2. 三相异步电动机的正反转控制关键是改变（　　）。

A. 电源电压　　　　B. 电源相序　　　　C. 电源电流　　　　D. 负载大小

3. 正反转控制电路，在实际工作中最常用、最可靠的是（　　）。

A. 倒顺开关　　　　　　　　　　B. 接触器连锁

C. 按钮连锁　　　　　　　　　　D. 按钮、接触器双重联锁

4. 要使三相异步电动机反转，只要（　　）就能完成。

A. 降低电压　　　　　　　　　　B. 降低电流

C. 将任意两根电源线对调　　　　D. 降低电流功率

5. 在接触器联锁的正反转控制电路中，其联锁触头应是对方接触器的（　　）。

A. 住触头　　　　B. 常开辅助触头　　　　C. 常闭辅助触头　　　　D. 常开触头

6. 在操作按钮联锁或按钮、接触器双重联锁的正反转控制电路时，要使电动机从正转变为反转，正确的操作方法是（　　）。

A. 直接按下反转起动按钮

B. 可直接按下正转起动按钮

C. 必须先按下停止按钮，在按下反转起动按钮

D. 必须先按下停止按钮，在按下正转起动按钮

7. 行程开关是一种将（　　）转换为电信号的自动控制电器。

A. 机械信号　　　　B. 弱电信号　　　　C. 光信号　　　　D. 热能信号

8. 完成工作台自动往返行程控制要求的主要电器元件是（　　）。

A. 行程开关　　　　B. 接触器　　　　C. 按钮　　　　D. 组合开关

二、判断题

1. 在接触器联锁的正反转控制电路中，正、反转接触器有时可以同时闭合。（　　）

2. 为了保证三相异步电动机实现反转，正、反转接触器的住触头必须按相同的顺序并接后串联到主电路中。（　　）

3. 三相异步电动机正反转控制电路，采用接触器联锁最可靠。（　　）

4. 按钮、接触器双重连锁正反转控制电路的优点是工作安全可靠，操作方便。（　　）

5. 行程开关是一种将机械能信号转换为电信号以控制运动部件的位置和行程的低压电器。（　　）

三、简答题

1. 什么是欠压保护? 什么是失压保护? 为什么说接触器自锁控制线路具有欠压失压保护作用?

2. 什么是过载保护? 为什么对电动机要采取过载保护?

3. 什么是联锁控制? 在电动机正反转线路中为什么必须有联锁控制?

4. 某车床有两台电动机,一台是主轴电动机,要求能正反转控制;另外一台是冷却液泵电动机,只要求正转控制;两台电动机都要求有短路、过载、欠压和失压保护,设计满足要求的电路图。

单元六

陶瓷企业供配电系统及其运行

任务一 陶瓷企业供配电系统组成

<table>
<tr><td rowspan="10">任务教学目标</td><td>知识目标：</td></tr>
<tr><td>（1）掌握电力系统的结构、工作原理与联网运行。</td></tr>
<tr><td>（2）掌握电力系一次系统与二次系统。</td></tr>
<tr><td>（3）掌握电力系统几种典型主结线。</td></tr>
<tr><td>技能目标：</td></tr>
<tr><td>（1）能制作电缆支架。</td></tr>
<tr><td>（2）能安装电缆支架。</td></tr>
<tr><td>（3）能敷设电缆。</td></tr>
<tr><td>素质目标：</td></tr>
<tr><td>培养动手能力、学习能力、分析故障和解决问题的能力。</td></tr>
</table>

 知识目标

一、任务描述

随着我国城市化进程的日益加快，电力电缆在陶瓷企业中的应用越来越广泛，电力电缆对促进陶瓷企业的生产有着重要作用，并且逐渐成为了电力电网建设中的一个重要组成部分。而其在应用过程中如果发生事故，将会造成严重的影响。因此，需要加强对电缆敷设的要求，依据敷设地点的实际情况选取适当的敷设方式，提高其安全性。

二、任务分析

通过收集资料，了解电缆所经地区的管线或障碍物的情况，并在适当位置进行样沟的开挖，开挖深度应大于电缆埋设深度。制作电缆支架并安装于电缆沟内，在电缆沟支架上进行电缆的敷设。

三、任务材料清单（见表 6-1-1）

表 6-1-1　需要器材清单

名称	型号	数量	备注
电缆	自定	1 条	
常用电工工具	自定	1 套	
电缆放线架（千斤顶）		1 台	
滑轮托架		1 台	
电动锯	自定	1 台	
镀锌角钢	5#	若干	
除锈用品		1 套	
防护用具		1 套	
交流焊机	自定	1 台	
金属切割机	自定	1 台	
磨光机	自定	1 台	

四、相关知识

（一）电力系统的结构

电力系统由发电、输变电、变配电和用电四个环节组成，简称"发、输、配、用"四环节，如图 6-1-1 所示。

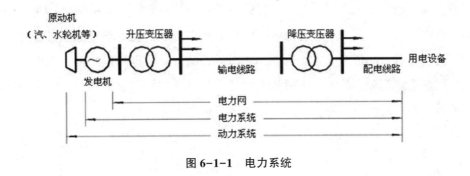

图 6-1-1　电力系统

电力系统不包含发电机的部分叫作电力网络，简称电网；电力系统连同为发电机提供动力的原动机统称为动力系统。

（二）电力系统各构成环节功能

1. 发电

发电的作用是将其他形式的能转换成电能。这些其他形式的能主要有煤、油等矿物的化学能，水、风、潮汐等流体的机械能，地热资源中的热能以及核能和太阳能等，这些能量均为自然界自身所蕴藏，我们称之为一次能源，相应地将电能称为二次能源。发电厂一般以其所使用的一次能源特征冠名，如火力发电厂、水力发电厂、核电厂等。

2. 输变电

输变电的作用是将电能集中地从一处输送到另一处，一般来说传输的功率大、距离长。因长距离、大功率输送电能所产生的损耗较大，一般需要使用比较高的电压，但发电机因制造和运行等方面的原因，输出电压不可能很高，因此必须在传输前将电压升高，这就使得升压变电成为输电的一个必不可少的环节，统称输变电。

3. 变配电

变配电的作用是将集中的电能分配给散布的用户。输变电环节传输来的电能电压一般较高，而用户由于安全等诸多方面的原因不能使用很高的电压，因此需要先将电压降低后再进行分配，统称变配电。

4. 用电

用电作用是将电能转化为其他形式的能，如机械能、光能、声能等。

（三）电力系统联网运行

实际的电力系统，一般不只有一个电源，而是将分布在不同地点的多个电源组成网络，共同服务于所有用户，这就叫电力系统的联网运行。图 6-1-2 就是一个联网运行的电力系统，图中除了有由电源向负荷供电的单向功率传输通道外，各电源之间还有功率可双向传输的电气通道。联网运行的理论依据可以用两个数学定理来表述，这两个定理分别是大数定理和比例尺定理，它们主要表述的是资源使用效率与服务对象数量之间的关系，在此不作详述。从工程的角度看，联网运行主要有以下好处：

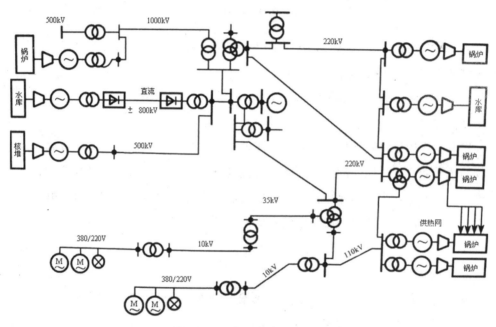

图 6-1-2　电力系统联网运行

1. 提高发电设备利用率

用电负荷并不会一直维持在一个恒定量值，而是随时间变化的，其最大值（峰值）和最小值（谷值）之间有一定的落差，称为峰谷差。为了在峰值时满足供电需求，发电设备必须具有不小于峰值负荷的发电能力，但这些发电能力在负荷非峰值期间就会有部分处于闲置状态，使得设备利用率降低。联网运行，相当于扩大了用户样本数量和分布区域，由于不同类别负荷（如生活照明负荷与生产动力负荷）峰、谷值出现时间不一致，不同地区间负荷峰、谷值出现的时间也可能有差异，使得总的负荷峰谷差趋于减小，有利于提高设备的利用率。

2. 优化一次能源的利用

这一点主要体现在两个方面：一方面，联网会使总的负荷量值增大，使得采用大容量发电机组成为可能，而大容量发电机组的效率一般要高于小容量机组；另一方面，联网可合理调配可再生与不可再生能源，如可充分利用季节优势，在丰水期多发廉价的水电，来减少煤、油等矿产的消耗。

3. 提高供电可靠性

联网不仅使发电机的数量增加，而且使可供选择的供电路径增多，系统对发电机或供电回路故障的代偿能力因此提高，供电可靠性更有保障。

4. 提高电能质量

由于联网使负荷波动相对减小，以及系统对局部故障的代偿能力增强，使得电压波动、频率稳定性等电能质量指标得到提高。

当然，联网运行也并非百利无弊。大电网一旦发生稳定性故障导致系统崩溃，则会造成一个很大的区域、一个国家甚至若干个国家停电，产生严重的混乱和巨大的损失。这种事故在国外已多次发生，在我国也曾有发生。

（四）一次系统与二次系统

在电力系统中，电作为能源通过的部分称为一次系统，对一次系统进行测量、保护、监控的部分称为二次系统。从控制系统的角度看，一次系统相当于受控对象，二次系统相当于控制环节，受控量主要有开关电器的开、合等数字量和电压、功率、频率、发电机功率角等模拟量。

（五）一次系统单线结线图

电力系统是三相系统，当我们更关心系统中各组成部分之间的相互关系而不是具体的电路接线时，就可以用一根线表示三相线路、用图形符号的单线形式表示系统中的设备或设施来构成简图，习惯上将这种简图称为单线结线图，或简称结线，如图6-1-3所示。

（六）供配电系统概念

供配电系统是电力系统的重要组成部分。

从技术的角度看，供配电系统是指电力系统中以使用电能为主要任务的那一部分电力网络，它处于电力系统的末端，一般只单向接受电力系统的电能，不参与电力系统的潮流调度。城网中从区域变电所到用电设备之间的电力网络都可称为供配电系统。

从工程实际的角度看，供配电系统更多的是针对电力用户而言，一般就是指电力用户范围内的电力网络。

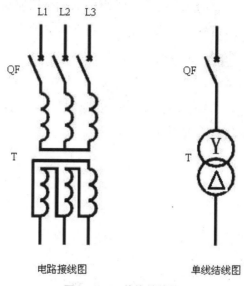

电路接线图　　　　　　　　单线结线图

图 6-1-3　单线结线图

（七）几种典型主结线

1. 单母线结线

受馈电转换＋开关电器组合，如图 6-1-4 所示。

单母线结构既是一种常用的主结线，又是一种基本的主结线单元，由该单元可衍生出很大一类主结线形式。

变化 1：双电源单母线，如图 6-1-5 所示。

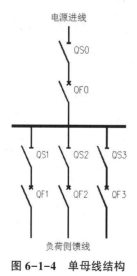

图 6-1-4　单母线结构

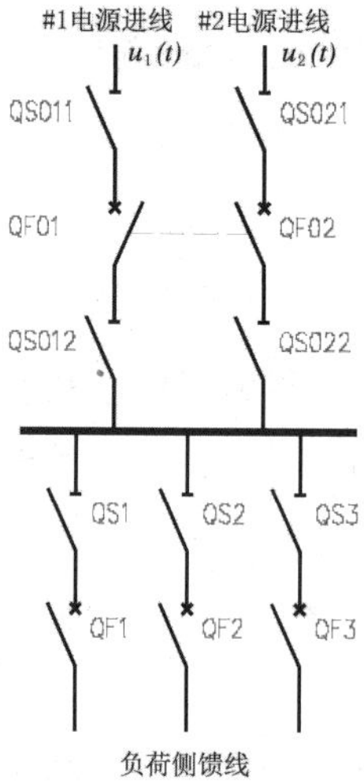

图 6-1-5　双电源单母线

注意： 双电源不能同时投入。

变化2：单母线分段，如图6-1-6所示。

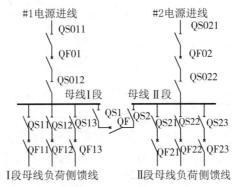

图6-1-6　单母线分段

2. 双母线结线

单母线+母线备用，备用母线应能被进线和每一路出线所利用，如图6-1-7所示。

3. 单母线带旁路

如图6-1-8所示，单母线带旁路解决馈出线断路器故障时，要求故障回路不停电。因此，单母线带旁路为每一出线断路器均设置一台备用（2 n 备用）。缺点是备用太多，不经济。

为了解决单母线带旁路出现的缺点，考虑到很少两台断路器同时故障，可否只设一台公共备用，需要时被故障回路调用，如图6-1-9所示。

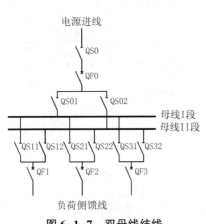

图6-1-7　双母线结线

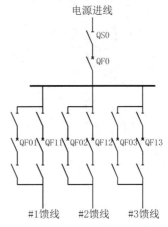

图6-1-8　单母线带旁路

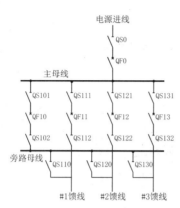

图 6-1-9　双母线带旁路

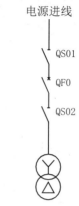

图 6-1-10　单元式结线

QF10 即公共备用断路器，称为旁路断路器。这是一种（n+1）的备用方式。

4. 常用无母线简化结线

当馈线只有一路时，可取消母线，将电源进线与馈线直接连接，并将电源进线开关与馈线开关合并。

（1）单元式结线。这是单母线结线的简化，当单母线结线只有一路馈线时，取消母线，并将进、出线断路器及隔离开关合并为一组，如图 6-1-10 所示。工程中，这种结线出线通常带变压器，因此又称为线路—变压器组结线。

（2）桥型结线。是单母线分段结线的一种简化。当单母线分段结线每一段馈线均只有一路时，可取消母线，形成全桥结线，如图 6-1-11 所示。

根据情况，可选择取消进线或馈线断路器，由此形成"外桥"与"内桥"结线。工程上一般不采用全桥。

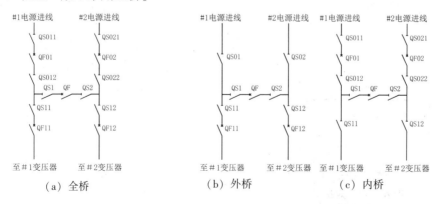

（a）全桥　　　　　　　　（b）外桥　　　　　　　　（c）内桥

图 6-1-11　桥型结线

 **技能目标**

一、工艺要求

（1）敷设在不填黄沙的电缆沟（包括户内）内的电缆，为防火需要，应采用裸铠装或非易（或阻）燃性外护层的电缆。

（2）电缆线路上如有接头，为防止接头故障时殃及邻近电缆，可将接头用防火保护盒保护或采取其他防火措施。

（3）电缆沟的沟底可直接放置电缆，同时沟内也可装置支架，以增加敷设电缆的数目。

（4）电缆固定于支架上，水平装置时，外径不大于 50mm 的电力电缆及控制电缆，每隔 0.6m 一个支撑；外径大于 50mm 的电力电缆，每隔 1.0m 一个支撑。排成正三角形的单芯电缆，应每隔 1.0m 用绑带扎牢。垂直装置时，每隔 1.0~1.5m 应加以固定。

（5）电力电缆和控制电缆应分别安装在沟的两边支架上。若不具备条件时，则应将电力电缆安置在控制电缆之上的支架上。

（6）电缆沟内全长应装设有连续的接地线装置，接地线的规格应符合规范要求。其金属支架、电缆的金属护套和铠装层（除有尽缘要求的例外）应全部和接地装置连接，这是为了避免电缆外皮与金属支架间产生电位差，从而发生交流电蚀或单位差过高危及人身安全。

（7）电缆沟内的金属结构物均需采取镀锌或涂防锈漆的防腐措施。

二、任务实施

步骤一：施工准备。

步骤二：电缆桥架敷设。

步骤三：电缆敷设 。

步骤四：绝缘测试。

步骤五：放设标志牌。

三、评价表

表 6-1-2　工作任务过程训练评价表

序号	工作过程	工作内容	评分标准	配分	学生自评		教师	
					扣分	得分	扣分	得分
1	资讯	相关知识查找	查找相关知识，初步了解 基本掌握相关知识 较好地掌握相关知识	10				
2	决策	确定方案，编写计划	制订整体设计方案，修改一次扣2分；修改两次扣5分	10				
3	实施	记录步骤	实施中步骤记录不完整达到10%，扣2分 实施中步骤记录不完整达到30%，扣3分 实施中步骤记录不完整达到50%，扣5分	10				
4	结果评价	电缆支架加工	支架不平直，有明显扭曲，切口卷边、毛刺，扣2分 支架焊接不牢固，变形，扣3分 金属电缆支架防腐不符合设计文件要求，扣5分	10				
		电缆支架安装	支架安装不牢固，每处扣5分 各支架的同层横档水平不一致，扣5分 支架防火不符合专项设计文件要求，每个扣10分	20				
		敷设及连接	固定不牢固，并列敷设的电缆管管口高度、弯曲弧度不一致，扣10分 电缆管连接不牢固、管口不密封，扣5分 与电缆管敷设相关的防火不符合专项设计文件要求，扣15分	30				
5	职业规范，团队合作	安全文明生产，交流合作，组织协调	不遵守教学场所规章制度，扣2分 出现重大事故或人为损坏设备，扣10分 出现短路故障，扣5分 实训后不清理、清洁现场，扣3分	10				
合计				100				

学生自评：

签字　　　日期

教师评语：

签字　　　日期

四、知识拓展

《电气装置安装工程电缆线路施工及验收规范》GB 50168-92

《建筑电气工程施工质量验收规范》GB 50303-2002

 知识检测

1. 负荷分级的依据是什么？它们对电源、主结线和供配电网络形式分别有哪些要求？

2. 什么叫主结线？中、低压供配电系统中常用的主结线有哪几种形式？各有何特点？

3. 主结线中母线的作用是什么？

4. 什么叫供配电网络结构？中、低压供配电系统中常见的网络结构有哪几种？各有何特点？

5. 变、配电站站址选择应遵循什么原则？

任务二　变压器原理

任务教学目标

知识目标：

（1）掌握变压器的分类。

（2）掌握变压器的结构。

（3）掌握变压器的工作原理。

技能目标：

（1）能根据电压要求计算变比。

（2）能绕制一台小型变压器。

（3）能按要求进行绝缘处理。

素质目标：

培养动手能力、学习能力、分析故障和解决问题的能力。

知识目标

一、任务描述

变压器是企业生产中不可缺少的变配电设备，在陶瓷企业中各种设备、生产线等所需要的电压等级不同，需要不同的变压器将电压改变成设备所需的电压等级。首先通过小型变压器的制作，弄清楚变压器的原理可以帮助我们对普通单相变压器及大型三相变压器的理解。最后完成对电力变压器安装、使用、维护、保养。

二、任务分析

小型变压器结构简单，制作方便。在制作变压器之前要弄清楚几个问题：①原边的电压等级。②副边的电压等级。③计算所用导线的线径大小。④硅钢片的尺寸。

三、任务材料清单（见表6-2-1）

表6-2-1　需要器材清单

名称	型号	数量	备注
线圈骨架		1	
硅钢片	E 型	1	
漆包线		若干	
青稞纸		若干	
引出线		若干	
三聚氰胺醇酸树脂漆		若干	

四、相关知识

（一）变压器的分类

变压器的种类很多，一般分为电力变压器和特种变压器两大类。电力变压器是电力系统中输配电的主要设备，容量从几十 kVA 到几十万 kVA；电压等级从几百伏到 500kV 以上。

1. 电力变压器按用途分类

（1）升压变压器。

（2）降压变压器。

（3）配电变压器。

（4）联络变压器（连接几个不同电压等级的电力系统）。

（5）厂用电变压器（供发电厂本身用电）。

2. 按变压器的结构分类

（1）心式变压器。

（2）壳式变压器。

我国和国外绝大多数变压器厂均生产心式变压器，只有少数的变压器厂生产壳式变压器。

3. 按变压器的绕组分类

（1）双绕组变压器。

（2）三绕组变压器。

（3）多绕组变压器。

（4）自耦变压器。

电力系统中用得最多的是双绕组变压器，其次是三绕组变压器和自耦变压器，至于多绕组变压器，一般用作特种用途的变压器。

4. 如果按相数来分类

（1）单相变压器。

（2）三相变压器。

（3）多相变压器。

5. 根据变压器的冷却条件来分类

（1）油浸自冷变压器。

（2）干式变压器。

（3）SF6气体绝缘变压器。

（4）油浸风冷变压器。

（5）油浸水冷变压器。

（6）强迫油循环风冷变压器。

（7）强迫油循环水冷变压器。

6. 按线圈使用的金属材料分类

（1）铜线变压器。

（2）铝线变压器。

（3）电缆变压器。

7. 按调压方式分类

（1）无励磁调压变压器。

（2）有载调压变压器。

8. 组合式变压器

组合式变压器是指将变压器及其高压侧和低压侧的开关和保护电器，在制造厂装配成一个完整的装置。用户可根据使用要求，向制造厂提出应提供的变压器容量规格、高压侧和低压侧的回路数、电器规格、测量和保护装置。

9. 特种变压器

特殊用途的变压器是根据冶金、矿山、化工、交通及铁道部门的具体要求设计制造的专用变压器。大致有以下几种：

（1）牵引变压器，专门为铁路牵引线路供电。

（2）整流变压器，用于把交流电能变换为直流电能的场合。

（3）电炉变压器，用于把电能转换为热能的场合。

（4）供高压试验用的试验变压器。

（5）供矿井下配电用的矿用变压器。

（6）供船舶用的船用变压器。

（7）中频变压器（供1000~8000Hz交流系统用）。

（8）大电流变压器。

（二）变压器的主要结构部件

图6-2-1是一台双绕组变压器的示意图。它是把两个线圈套在同一个铁心上构成的，这两个线圈都叫作绕组。一般把接到交流电源的绕组叫原绕组，把接到负荷（也称负载）的绕组叫副绕组。有时把原绕组叫作原边或初级，把副绕组叫作副边或次级。变压器副绕组的电压不等于原绕组的电压。副边电压大于原边电压时，叫作升压变压器，否则就是降压变压器。电压高的绕组叫作高压绕组，电压低的叫低压绕组。

变压器的铁心和绕组是变压器的主要部分，统称变压器器身。目前，油浸式变压器是生产量最大、应用最广的一种变压器。油浸式电力变压器的结构可分为：

1. 器身

包括铁心、线圈、绝缘结构、引线和分接开关等。

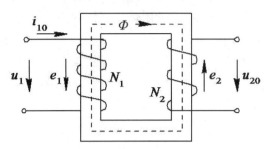

图 6-2-1　双绕组变压器的示意图

2. 油箱

包括油箱本体（箱盖、箱壁和箱底）和一些附件（放油阀门、小车、油样活门、接地螺栓、铭牌等）。

3. 冷却装置

包括散热器或冷却器。

4. 保护装置

包括储油柜、油表、压力释放阀、吸湿器、测温原件、气体继电器等。

5. 出线装置

（三）变压器的工作原理

变压器是一个应用电磁感应定律将电能转换为磁能，再将磁能转换为电能，以实现电压变化的电磁装置。

1. 理想变压器的工作原理

对于理想化的变压器，首先假定变压器一、二次绕组的阻抗为零，铁心无损耗，铁心磁导率很大。

图 6-2-2 为变压器的工作原理，在空载状态下，一次绕组接通电源，在交流电压 $\dot{U}_1$ 的作用下，一次绕组产生励磁电流 $\dot{I}_\mu$，励磁磁势 $\dot{I}_\mu N_1$，该磁势在铁心中建立了交变磁通 Φ_0 和磁通密度 B_0。根据电磁感应定律，铁心中的交变磁通 Φ_0 在一次绕组两端产生自感电动势 $\dot{E}_1$，在二次绕组两端产生互感电动势 $\dot{E}_2$。

$$E_1 = 4.44fN_1B_0S_C\times10^{-4} \qquad (6\text{-}2\text{-}1)$$

$$E_2 = 4.44fN_2B_0S_C\times10^{-4} \qquad (6\text{-}2\text{-}2)$$

其中，f 为频率（Hz）；N_1 为变压器一次绕组的匝数；N_2 为变压器一次绕组的匝数；B_0 为铁心的磁通密度（T）；S_C 为铁心的有效截面积（cm^2）。

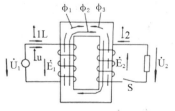

图 6-2-2　变压器的工作原理

在理想变压器中，一、二次绕组的阻抗为零，有：

$$U_1 = E_1 = 4.44fN_1B_0S_C \times 10^{-4} \qquad (6-2-3)$$

$$U_2 = E_2 = 4.44fN_2B_0S_C \times 10^{-4} \qquad (6-2-4)$$

得到：

$$\frac{U_1}{U_2} = \frac{N_1}{N_2} \qquad (6-2-5)$$

从式 6-2-5 可见，改变一次绕组与二次绕组的匝数比，可以改变一次侧与二次侧的电压比，这就是变压器的工作原理。

假设将图 6.2.2 中的开关 S 接通，变压器开始向二次负载供电，二次回路产生负载电流 I_2，反磁势 N_2I_2，反磁通 Φ_2，此时，一次回路同时产生一个新的电流 I_{1L} 新的磁势 N_1I_{1L}，新的磁通 Φ_1，与 N_2I_2、Φ_2 相平衡。此时有：

$$\Phi_1 + \Phi_2 = 0 \qquad (6-2-6)$$

$$N_1I_{1L} + N_2I_2 = 0 \qquad (6-2-7)$$

由此得到：

$$I_{1L} = -\frac{N_2}{N_1}I_2 \qquad (6-2-8)$$

2. 变压器实际的工作状态

实际工作的变压器，一次、二次绕组由电阻和漏抗，铁心有损耗，漏磁通不与一次和二次绕组全部交链。

假设一次、二次绕组的阻抗为 Z_1、Z_2，则相应的阻抗压降为：

$$\Delta \dot{U}_1 = \dot{I}_1 Z_1 \qquad (6-2-9)$$

$$\Delta \dot{U}_2 = \dot{I}_2 Z_2 \qquad (6-2-10)$$

$\Delta \dot{U}_1$ 使一次绕组感应电压降低，$\dot{E}_1 = \dot{U}_1 - \Delta \dot{U}_1 = \dot{U}_1 - \dot{I}_1 Z_1$；$\Delta \dot{U}_2$ 使二次绕组负载电压降低，$\dot{U}_2 = \dot{E}_2 - \Delta \dot{U}_2 = \dot{E}_2 - \dot{I}_2 Z_2$；导致匝数比不等于一次侧与二次侧的电压比，而等于感应电势比：

$$\frac{E_1}{E_2} = \frac{N_1}{N_2} = k \qquad (6-2-11)$$

其中，k 为变压器的电压比。

变压器正常工作时铁心要产生空载损耗 p_0，铁心损耗的能量由电源侧供给，其影响相当于在立项变压器的一次侧并联一个铁心损耗等效电阻 r_m，在一次回路中引入一个铁损电流 $\dot{I}_{Fe}$，此时，铁损电流 $\dot{I}_{Fe}$ 和励磁电流 $\dot{I}_\mu$ 合成为空载电流 $\dot{I}_0$。空载电

流 $\dot{I}_0$ 与一次电流负载分量 $\dot{I}_{1L}$ 合成一次电流 $\dot{I}_1$。

实际变压器一次、二次绕组所产生的磁通，并没有全部通过主磁路铁心，也没有全部与一次和二次绕组交链，这部分磁通经过非铁磁物质闭合，称为漏磁通 Φ_σ，漏磁链与产生该漏磁通的电流 I 之比称为漏感 L_σ。

$$L_\sigma = -\frac{N}{I}\Phi_\sigma \tag{6-2-12}$$

因此，漏磁通的影响相当于在理想变压器的一次、二次回路中引入漏电感 $L_{\sigma1}$、$L_{\sigma2}$，乘以角频率 $\omega = 2\pi f$ 后得到相应的漏电抗 $x_{\sigma1}$、$x_{\sigma2}$。

将电压、电流和阻抗均用复数表示时，变压器在负载条件下的一次、二次电势平衡方程式可以写为：

$$\dot{U}_1 = -\dot{E}_1 + \dot{I}_1 Z_1 \tag{6-2-13}$$

$$\dot{U}_2 = \dot{E}_2 - \dot{I}_2 Z_2 \tag{6-2-14}$$

其中，Z_1 为变压器一次侧的漏阻抗 $Z_1 = r_1 + jx_{\sigma1}$；Z_2 为变压器二次侧的漏阻抗 $Z_2 = r_2 + jx_{\sigma2}$。

3. 变压器的效率

在变压器将一种电压的电能转变为另一种电压的电能的转换过程中，产生了损耗，致使输出功率小于输入功率。输出功率与输入功率之比，称为效率，有如下定义式：

$$\eta = -\frac{P_2}{P_1} \times 100\% \tag{6-2-15}$$

其中，P_1 为变压器的输入功率；P_2 为变压器的输出功率。

P_1 与 P_2 之间有如下关系：

$$P_1 = P_2 + P_{Fe} + P_{Cu} \tag{6-2-16}$$

其中，P_{Fe}、P_{Cu} 为变压器的总铜损和总铁损。

在式（6-2-16）中，$P_2 = \sqrt{3}\, U_2 I_2 \cos\varphi_2$，因此，变压器的效率既与负载情况（负载阻抗 Z_L、功率因数 $\cos\varphi_2$）有关，也与变压器本身的损耗有关。由于变压器的铁损与变压器的铁心材料品质及铁心饱和程度有关，而与负载情况关系不大，因此，近似认为变压器工作电压不变时，铁损也不变；变压器的铜损与负载电流密切相关，与负载的二次方成正比。因此，变压器的效率是随负载情况变化的量。

为了使总的经济效益良好，变压器平均效益较高，一般变压器的最大效率发生在负载率为 50%~60%、变压器的铜损与铁损比在 3~4 的情况下。

技能目标

一、工艺要求

(一) 对导线和绝缘材料的选用

导线选用缩醛或聚酯漆包圆铜线。绝缘材料的选用受耐压要求和允许厚度的限制，层间绝缘按两倍层间电压的绝缘强度选用，常采用电话纸、电缆纸、电容器纸等，在要求较高处可采用聚酯薄膜、聚四氟乙烯或玻璃漆布；铁心绝缘及绕组间绝缘按对地电压的两倍选用，一般采用绝缘纸板、玻璃漆布等，要求较高的则采用层压板或云母制品。

(二) 做引出线

变压器每组线圈都有两个或两个以上的引出线，一般用多股软线、较粗的铜线或用铜皮剪成的焊片制成，将其焊在线圈端头，用绝缘材料包扎好后，从骨架端面预先打好的孔中伸出，以备连接外电路。对绕组线径在 0.35mm 以上的都可用本线直接引出，线径在 0.35mm 以下的，要用多股软线做引出线，也可用薄铜皮做成的焊片做引出线头。

二、任务实施

小型变压器的绕组制作：

步骤一：木芯与线圈骨架的制作。

步骤二：线圈的绕制步骤。

步骤三：绕制工艺要点。

步骤四：绕线的方法。

步骤五：层间绝缘的安放。

步骤六：静电屏蔽层（静电隔离层）的安放。

步骤七：绕组的中间抽头。

步骤八：绕组的中心抽头。

步骤九：绕组的初步检查。

步骤十：绝缘处理。

步骤十一：铁心的装配。

三、评价表

表 6-2-2　工作任务过程训练评价表

序号	工作过程	工作内容	评分标准	配分	学生自评		教师	
					扣分	得分	扣分	得分
1	资讯	相关知识查找	查找相关知识，初步了解 基本掌握相关知识 较好地掌握相关知识	10				
2	决策	确定方案，编写计划	制订整体设计方案，修改一次扣 2 分；修改两次扣 5 分	10				
3	实施	记录步骤	实施中步骤记录不完整达到 10%，扣 2 分 实施中步骤记录不完整达到 30%，扣 3 分 实施中步骤记录不完整达到 50%，扣 5 分	10				
4	结果评价	整体安装	铁心安装是否紧密、整齐，扣 2 分 铁壳不牢固，扣 3 分	5				
		安装工艺	绝缘漆处理情况不好，每个扣 2 分 绝缘电阻不合格，扣 5 分 引出线焊接不牢固，每个扣 2 分	10				
		通电	空载通电后，有异常噪声，扣 15 分 绝缘电阻破损，扣 30 分 短路，扣 45 分	45				
5	职业规范，团队合作	安全文明生产，交流合作，组织协调	不遵守教学场所规章制度，扣 2 分 出现重大事故或人为损坏设备，扣 10 分。 出现短路故障，扣 5 分 实训后不清理、清洁现场，扣 3 分	10				
合计				100				

学生自评：

签字　　　日期

教师评语：

签字　　　日期

四、知识拓展

我国电力变压器的标准是 GB 1094，等同或等效 IEC 60076 标准，我国标准和 IEC 标准如下：

我国标准	IEC 标准
GB 1094.1-1996《电力变压器 第 1 部分 总则》	等效采用 IEC60076-1-1993
GB 1094.2-1996《电力变压器 第 2 部分 温升》	等效采用 IEC60076-2-1993
GB 1094.3-2003《电力变压器 第 3 部分 绝缘水平和绝缘试验》	等效采用 IEC60076-3-2000
GB 1094.5-2003《电力变压器 第 5 部分 承受短路的能力》	等效采用 IEC60076-5-2000

标准 GB 1094.4-1985 已在制定标准时，合并到 GB 1094.1-1996 中。

GB/T 6451-1999《三相油浸式电力变压器技术参数和要求》

GB/T 16274-1996《油浸式电力变压器技术参数和要求 500kV 级》

GB/T 15164-1994《油浸式电力变压器负载导则》（等效采用 IEC354）

GB 6450-1986《干式电力变压器》

GB/T 10228-1997《干式电力变压器技术参数和要求》

GB/T 17211-1998《干式电力变压器负载导则》

GB/T 17468-1998《电力变压器选用导则》

还有一些其他机械行业标准：

JB/T 10217-2000《组合式变压器》

JB 3955-1993《矿用一般型电力变压器》

JB/T 8636-1997《电力交流变压器》

JB/T 9640-1999《电弧炉变压器》

JB/T 9641-1999《试验变压器》

JB 9643-1999《防腐蚀型油浸式电力变压器》

 知识检测

一、填空题

1. 变压器是一种静止的电机，它是利用_____原理，把输入的交流电升高或_____为同频率交流输出电压，以满足高压输电、低压供电和其他用途的设备。

2. 我们把由一个线圈中电流发生变化而在另一个线圈中产生电磁感应的想象称为_____。互感现象中相位一致的端子称为同名端用"．"或"＊"表示。请标出如图所示线圈的同名端。

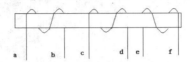

3. 变压器空载运行是只变压器一次绕组（电源侧）加上额定电压，二次侧（负载侧）_____运行。

二、判断题

1. 导体中有感应电动势就一定有感应电流。（　　　）

2. 导体中有感应电流就一定有感应电动势。（　　　）

3. 只要线圈中有磁通穿过就会产生感应电动势。（　　　）

4. 只要导体在磁场中运动就会产生感应电动势。（　　　）

5. 感应电流产生的磁场总是与原磁场方向相反。（　　　）

任务三　常用供配电器件及应用

任务教学目标

知识目标：

（1）掌握供配电器件的结构、工作原理。

（2）掌握供配电器件的作用。

（3）掌握供配电器件的应用。

技能目标：

（1）能读懂高压开关的型号及含义。

（2）能正确制作电缆终端头。

（3）能正确制作电缆中间头。

素质目标：

培养动手能力、学习能力、分析故障和解决问题的能力。

 **知识目标**

一、任务描述

高压开关在企业供配电系统中起着分配电能的作用，在陶瓷企业中不同设备的电能需要分开进行供电，如抛光压机、抛光干燥、送料、压机水池等，这些地方都需要单独的供电线路。而供电线路需要电缆进行连接；电缆头是与高压开关连接的重要部件，因此电缆头的制作非常重要。

二、任务分析

电缆终端头的种类较多，特别是橡塑绝缘电缆及其附件发展较快。常用型式有自粘带绕包型、热缩型、预制型、模塑型、弹性树脂浇注型，还有传统的壳体灌注型、环氧树脂型等。虽然电缆头的形式不同，但其制作工艺却大同小异。

三、任务材料清单（见表6-3-1）

表6-3-1 需要器材清单

名称	型号	数量	备注
电缆终端头套		1套	
电缆		1根	
绝缘管		若干	
应力管		若干	
编织铜线		2张	
相色管		若干	
防雨裙		3个	
中间连接管		3个	

四、相关知识

（一）母线

母线是变电所中各级电压配电装置的连接，以及变压器等电气设备和相应配电装置的连接，大都采用矩形或圆形截面的裸导线或绞线，这统称为母线。母线的作用是汇集、分配和传送电能。由于母线在运行中有巨大的电能通过，短路时，承受着很大的发热和电动力效应，因此，必须合理地选用母线材料、截面形状和截面积以符合安全经济运行的要求。母线按结构分为硬母线和软母线。硬母线又分为矩形母线和管形母线。如图 6-3-1 所示。

图 6-3-1　母线

（二）高压断路器（QF）

高压断路器的作用是：①根据电网运行的需要，将部分电气设备或线路投入或退出运行。②在电气设备或电力线路发生故障时，继电保护装置发出跳闸信号，启动断路器，将故障设备或线路从电网中迅速切除，确保电网中无故障部分的正常运行。图形符号见图 6-3-2 所示。

高压断路器的主要结构大体分为：导流部分、灭弧部分、绝缘部分和操作机构部分。高压开关的主要类型按灭弧介质分为：油断路器、空气断路器、真空断路器、六氟化硫断路器、固体产气断路器和磁吹断路器。高压断路器的型号如图 6-3-3 所示。

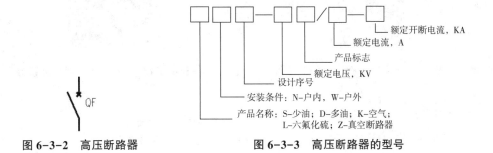

图 6-3-2　高压断路器　　　　　　图 6-3-3　高压断路器的型号

按操作性质可分为：电动机构、气动机构、液压机构、弹簧储能机构和手动机构。高压断路器的操作机构的型号如图6-3-4所示。

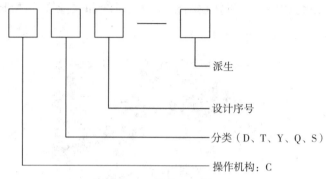

派生

设计序号

分类（D、T、Y、Q、S）

操作机构：C

图6-3-4 操作机构的型号

1. 油断路器

利用变压器油作为灭弧介质，分多油和少油两种类型。油有三个作用：一是作为灭弧介质；二是在断路器跳闸时作为动、静触头间的绝缘介质；三是作为带电导体对地（外壳）的绝缘介质。少油断路器油量少（一般只有几公斤），油只作为灭弧介质和动、静触头间的绝缘介质使用。少油断路器对地绝缘靠空气、套管及其他绝缘材料完成。如图6-3-5所示。

多油断路器的体积大、用油量多、断流容量小，运行维护比较困难，现在已很少选用。少油断路器因油量少、体积小，所耗钢材等也少，所以目前我国主要生产少油断路器，适用于20世纪90年代以前35kV的电压等级。如图6-3-6所示。

图6-3-5　SN10-10 I 型少油断路器

图6-3-6　W8-35型多油式高压断路器

2. 六氟化硫断路器

采用惰性气体六氟化硫来灭弧，并利用它所具有的很高的绝缘性能来增强触头间的绝缘。六氟化硫气体在电弧作用下分解为低氟化合物，大量吸收电弧能量，使电弧迅速冷却而熄灭。这种断路器动作快，性能好，体积小，维护少。随着技术的成熟及生产成本的下降，在 220kV 以上系统中应用越来越广泛。在全封闭的组合电器中，也多采用改型断路器。如图 6-3-7 所示。

3. 真空断路器

触头密封在稀薄空气（真空度为 10~4mm 汞柱以下）的灭弧室内，利用真空的高绝缘性能来灭弧。因为在稀薄的空气中，中性原子很少，较难产生电弧且不能稳定燃烧。其优点是动作快、体积小、寿命长，适于防火、防爆及有频繁操作任务的场所。如图 6-3-8 所示。

图 6-3-7　LW8（A）-40.5 六氟化硫断路器

图 6-3-8　VS1-12 真空断路器

4. 空气断路器

利用压缩空气作为灭弧介质的断路器叫压缩空气断路器，简称空气断路器。断路器中的压缩空气起到三个作用：一是强烈地吹弧，使电弧冷却而熄灭；二是作为动、静触头的绝缘介质；三是作为分、合闸操作时的动力。该型断路器动作快、断流容量大，但是因制造较复杂，因而一般用于 220kV 及以上的电力系统。

5. 固体产气断路器

利用固体产气物质在电弧高温作用下分解出来的气体来灭弧。

6. 磁吹断路器

断路时，利用本身流过的大电流产生的电磁力将电弧迅速拉长而吸入磁性灭弧室内冷却熄灭。

7. 油断路器在运行中的注意事项

（1）应消除渗油、漏油现象，保持油位指示器清洁完好。油面高度应严格控制在规定的范围内，不能过高或过低。如油面过低，当发生故障跳闸时，不能灭弧，这样会使断路器爆炸而引起严重的设备及人身事故。如油面过高，则油断路器上面空间减小，当切断故障电流时，电弧的高温使油分解产生的大量气体，由于缓冲空间有限，也使断路器有爆炸的危险。

（2）油断路器内油温应该正常，没有过热现象。正常情况下，触头的最高温度一般是75℃，因此断路器上层的油温也不应该超过75℃。油温过热通常是因接触不良或过负载，应及时解决。

（3）多油短路的套管和少油断路器的支持绝缘子、拉杆绝缘子等应清洁，没有裂纹、缺损，没有闪络痕迹和电晕现象等。

（4）对油断路器附件应经常检查其良好性。

（三）高压隔离开关（QS）

高压隔离开关是一种广泛使用在发电站和变电所的高压开关电器设备，图形符号如图6-3-9所示，实物如图6-3-10所示。由于没有灭弧装置，所以不能用来切断负荷电流，更不能切断短路电流，应用中通常与高压断路器配套使用。

图6-3-9　图形符号　　　　　　图6-3-10　GN19-10C高压隔离开关

1. 高压隔离开关的作用

（1）隔离电压：将电器设备与带电的电网隔离，以保证被隔离的电气设备有明显的断开点，能安全地进行检修。

（2）倒换母线：在双母线电路中，利用隔离开关将设备或线路从一组母线切换到另一组母线上。

（3）接通断开电路：按规定可接通和断开小电流电路，如接通和断开电压互感器和避雷器电路。

（4）接通和断开电压为10kV，长10km空载架空线路或电压10kV，长度5km空载电缆线路。

（5）接通和断开电压10kV以下，容量315kVA以下，励磁电流2A以下的空载变压器。

2. 高压隔离开关型号

高压隔离开关的类型按照架设地点可分为户内式、户外式两种，按有无接地闸刀可分为有接地闸刀和无接地闸刀两种，型号由字母和数字两部分组成，如图6-3-11所示。

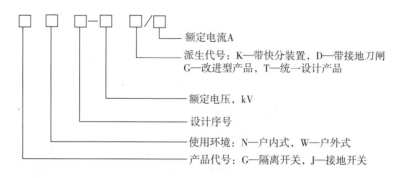

额定电流A

派生代号：K—带快分装置，D—带接地刀闸
G—改进型产品，T—统一设计产品

额定电压，kV

设计序号

使用环境：N—户内式，W—户外式

产品代号：G—隔离开关，J—接地开关

图 6-3-11　高压隔离开关型号

例如，一款型号为：GW5-110GD/600。其表示额定电压110kV，额定电流600A，带有接地刀闸的改进型户外式高压隔离开关。

3. 隔离开关在运行中应注意的事项

（1）处于合闸位置的隔离开关，触头处接触应紧密良好，并无发热现象。

（2）处于分闸位置的隔离开关，静触头与刀片间的距离应尽量远一些。如果太小，可能发生闪络，使得检修中的装置带电造成事故。其安全距离如表6-3-2所示。

表 6-3-2　动静触头安全距离

额定电压（kV）	配电装置最小安全距离		单断情况下进行交流耐压试验的最小安全距离（cm）
	户内（cm）	户外（cm）	
6	10	20	10
10	12.5	20	15
35	29	40	46

（3）隔离开关的绝缘子（瓷瓶和操作连杆）表面，应保持没有尘垢、外来物、裂纹、缺损或闪络痕迹。

（4）在拉、合隔离开关时，必须先断开相应线路的断路器。为了防止隔离开关带负荷拉、合闸的误操作，应在隔离开关与其相应的断路器间加装联锁装置，并定期检查联锁装置是否完好，以防止失灵。

（四）高压负荷开关

1. 用途

高压负荷开关是一种专门用于接通和断开负荷电流的高压电气设备。在装有脱扣器时，在过负荷情况下也能自动跳闸。但它仅有简单的灭火装置，所以不能切断短路电流。在多数情况下，负荷开关与高压熔断器（一般为RN1型）串联，借助熔断器切断短路电流。

2. 类型

高压负荷开关分户内式（FN-10型、FN-10R）和户外式（FW-10型、FW-35型）两大类。其型号中文符号的含义是：F—负荷开关；N—户内；W—户外；R—带有高压熔断器。图形符号如图6-3-12所示。

在户内型中常用FN2-10、FN2-10R和FN3-6、FN3-10型压气式高压负荷开关，用于断开和闭合负荷及过负荷电流，亦可用作断开和闭合长距离空载线路、空载变压器及电容器组的开关，如图6-3-13所示。带有熔断器的形式可切断短路电流。在户外型中常用FW5-10型高压气式负荷开关，可用于断开与闭合额定电流、电容电流及环流。

图6-3-12　高压负荷开关

图6-3-13　FN12-12高压负荷开关

3. 高压负荷开关运行的注意事项

（1）多次操作后，负荷开关灭弧腔将逐渐损伤，使灭弧能力降低，甚至不能灭弧，造成接地或相间短路事故，因此必须定期停电检查灭弧腔的完好情况。

（2）完全分闸时，刀闸的张开角度应大于58°，以起到隔离开关的作用。

（3）合闸时，负荷开关主触头的接触应良好，接触点没有发热现象。

（4）负荷开关的绝缘子和操作连杆表面应没有积尘、外伤、裂纹、缺损或闪络痕迹。

（5）负荷开关必须垂直安装，分闸加速弹簧不可拆卸。

（五）高压熔断器

1. 用途

熔断器是一种常用的、简单的保护电器。高压熔断器是利用过载或短路电流将熔体熔断后，再依靠灭弧介质熄灭电弧以断开电路的电器，需要串接在电路之中。高压熔断器的主要功能是短路时对电路中的设备进行保护，有时也可做过负荷保护，通常由熔体、熔管、灭弧介质、触点、支柱绝缘子和底座组成。常用的熔体为铜、银的丝或片。常用的灭弧介质有空气、钢纸和石英砂等。

2. 选型及工作原理

熔断器按使用场合分为户内型和户外型两种。户外式高压熔断器以跌开式熔断器为主，主要型号有 RW10-10、RW11F-10、RW11F-35 等，广泛适用于 3~35kV，额定电流 1~200A 的场合，可以做线路或变压器的过载和短路保护。一般采用杆上安装，其工作原理是当熔体通过过负荷或者短路电流时，熔丝迅速熔断，形成电弧，纤维质消弧管由于电弧燃烧而分解出大量气体，使管内压力剧增，形成强烈的纵向吹弧。熔丝熔断后，熔管的上触头因失去张力而下翻，使锁紧机构释放熔管，在熔管自重及触头弹力的作用下，熔管跌开，造成明显的断点。户外式高压熔断器的外形如图 6-3-14 所示。

户内型高压熔断器以 RN 系列为主，如图 6-3-15 所示。其工作原理是当短路电流或过负荷电流通过熔体时，熔体被加热，由于锡熔点低故先融化并包围铜丝，铜锡互相渗透形成熔点较低的铜锡合金，使铜丝能在较低的温度下熔断，这就是所谓的"冶金效应"。当熔体由几根并联的金属丝组成时，熔体熔断，电弧发生在几个平行的小直径的沟中，各沟中产生的金属蒸汽喷向四周，渗入石英砂，同时电弧与石英砂紧密接触，加强了去游离，电弧迅速熄灭。

图 6-3-14　RW3-10 户外高压熔断器

图 6-3-15　RN 系列户内高压熔断器

（六）高压开关柜

1. 用途

开关柜又称成套开关或成套配电装置。它是以断路器为主的电气设备，是指生产厂家根据电气一次主接线图的要求，将有关的高低压电器（包括控制电器、保护电器、测量电器）以及母线、载流导体、绝缘子等装配在封闭的或敞开的金属柜体内，作为电力系统中接受和分配电能的装置。高压开关设备主要用于发电、输电、配电和电能转换的高压开关以及和控制、测量、保护装臵、电气连接（母线）、外壳、支持件等组成的总称。

2. 结构

目前，我国生产的 3kV~35kV 高压开关柜都采用空气和瓷（塑料）绝缘子做绝缘材料，并选用普通常用电器组成。工厂变电所中常用的高压成套配电装置有手车式和固定式开关柜。

JYN-10 型高压开关柜为手车式开关柜，如图 6-3-16 所示。

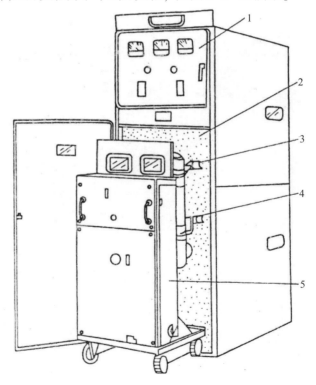

图 6-3-16　JYN-10 型高压开关柜

1—仪表屏；2—手车室；3—上触头；4—下触头（兼起隔离开关作用）；5—SN10—10 型断路器手车

（1）仪表屏。测量仪表，信号继电器、指示灯和控制开关装在门板上。

（2）手车室。柜前正中部为手车室，是 SN10-10 型断路器手车放置的地方。

（3）上触头。上触头是连接高压电源的部位，兼有隔离开关的作用。

（4）下触头。下触头是负荷出线，兼有隔离开关的作用。

（5）SN10-10 型断路器手车。断路器和操作机构均装在小车上。在开关柜和手车上均装有识别装置，保证只有同型号小车才能互换。断路器通过隔离插头与母线及出线相通。

 技能目标

一、工艺要求

电缆敷设好后，为使其成为一个连续的线路，各线段必须连接为一个整体，这些连接点称为接头。电缆线路两末端的接头称为终端头，中间的接头称为中间接头。它们的主要作用是使电缆保持密封、使线路畅通，并保证电缆接头处的绝缘等级，使其安全可靠地运行。

二、任务实施

步骤一：准备工作。

步骤二：确定电缆剥切尺寸。

步骤三：剥切外护层。

步骤四：清擦铅（铝）套。

步骤五：焊接地线。

步骤六：剥切电缆铅（铝）套。

步骤七：剥除统包绝缘和分线芯。

步骤八：包缠内包层。

步骤九：套聚氯乙烯软手套。

步骤十：套聚氯乙烯软管、绑扎尼龙绳。

步骤十一：安装接线端子。

步骤十二：包绕外包层。

三、评价表

表 6-3-3 工作任务过程训练评价表

序号	工作过程	工作内容	评分标准	配分	学生自评		教师	
					扣分	得分	扣分	得分
1	资讯	相关知识查找	查找相关知识，初步了解 基本掌握相关知识 较好地掌握相关知识	10				
2	决策	确定方案，编写计划	制订整体设计方案，修改一次扣2分；修改两次扣5分	10				
3	实施	记录步骤	实施中步骤记录不完整达到10%，扣2分 实施中步骤记录不完整达到30%，扣3分 实施中步骤记录不完整达到50%，扣5分	10				
4	结果评价	剥削电缆	损伤线芯和应保留的绝缘层，扣2分 剥削尺寸符合要求，扣3分	10				
		恢复绝缘	包绕绝缘层间无间隙和折皱，否则每个扣2分 终端头和接头成型后密封良好、无渗漏，否则扣5分 压接和焊接表面光滑、清洁且连接可靠，否则每个扣2分	30				
		绝缘检查	绝缘防护应符合标准，否则扣15分 无尖端放电产生，否则扣5分 绝缘完好，无破损现象，否则扣10分	20				
5	职业规范，团队合作	安全文明生产，交流合作，组织协调	不遵守教学场所规章制度，扣2分 出现重大事故或人为损坏设备，扣10分 出现短路故障，扣5分 实训后不清理、清洁现场，扣3分	10				
合计				100				

学生自评：

签字　　　日期

教师评语：

签字　　　日期

四、知识拓展

《建筑工程施工质量验收统一标准》GB 50300-2001

《建筑电气工程施工质量验收规范》GB 50303-2002

《电气装置安装工程高压电器施工及验收规范》GBJ 147-1990

《电力设备预防性实验规程》DL/T 576-1996

《型断路器安装使用说明书》

《电力建设安全工作规程》DL 5009.3-1997

《电业安全工作规程》（发电厂和变电所电气部分）DL 408-1991

 知识检测

一、单项选择题

1. 严禁带负荷操作隔离开关，因为隔离开关没有（　　）。

A. 快速操作机构　　　　　　B. 灭弧装置　　　　　　C. 装设保护装置

2. 设备的断路器，隔离开关都在合闸位置，说明设备处在（　　）状态。

A. 运行　　　　　　　　　　B. 检修　　　　　　　　C. 设备用

3. 高压开关柜进行停电操作时，各开关设备的操作顺序是（　　）。

A. 断路器—电源侧刀闸—负荷侧刀闸

B. 电源侧刀闸—断路器—负荷侧刀闸

C. 断路器—负荷侧刀闸—电源侧刀闸

4. 负荷开关常与（　　）串联安装。

A. 高压隔离开关　　　　B. 高压断路器　　　　C. 高压电容器

5. 可移动手车式高压开关柜断路器在合闸位置时（　　）移动手车。

A. 能　　　　　　　　　　B. 不能　　　　　　　　C. 可根据需要

6.（　　）的主要作用是用于隔离电源。

A. 断路器　　　　　　　B. 隔离开关　　　　　　C. 熔断器

7. FN 型中的 F 表示（　　）。

A. 户内断路器　　　　　B. 负荷开关　　　　　　C. 户内熔断器

二、判断题

1. 高压断路器又叫高压开关，隔离开关又叫隔离刀闸。（　　）

2. 弹簧操作机构是利用弹簧瞬间释放的能量完成断路器合闸的。（　　）

3. 高压开关操作机构机械指示牌是观察开关状态的重要部分。（　　）

4. 断路器手车、压互手车必须在"试验位置"时，才能插上和解除移动式手车断路器的二次插头。（　　）

5. 与断路器串联的隔离开关，必须在断路器分闸状态时才能进行操作。（　　）

6. 断路器接通和切断负载电流是其控制功能。（　　）

7. 弹簧操作机构可根据实际情况在机构处就近完成合分闸操作，以提高工作效率。（　　）

8. 断路器切除短路电流是其保护功能。（　　）

9. 断路器在分闸状态时，在操作机构指示牌可看到指示"分"字。（　　）

10. 操作隔离开关时应准确迅速，一次分（或合）闸到底，中间不得停留。（　　）

11. 高压断路器是一次设备。（　　）

12. 负荷开关可以用于接通和切断负荷电流。（　　）

13. 操作隔离开关时，一旦发生带负荷误分隔离开关，在刚拉闸时即发现电弧，应立即合上，停止操作。（　　）

14. 负荷开关分闸后有明显的断开点，可起隔离开关的作用。（　　）

15. 隔离开关分闸时，先闭合接地闸刀，后断开主闸刀。（　　）

任务四　供配电室操作规范

任务教学目标

知识目标：

（1）掌握倒闸操作的常见类型。

（2）掌握倒闸操作的原则。

（3）掌握倒闸操作票的填写。

技能目标：

（1）能根据倒闸操作票进行倒闸操作。

（2）能正确填写倒闸操作票。

素质目标：

培养动手能力、学习能力、分析故障和解决问题的能力。

 知识目标

一、任务描述

在陶瓷企业中，电气设备分为运行、冷备用、热备用和检修四种状态。将设备由一种状态转变为另一种状态的过程叫倒闸。通过操作隔离开关、断路器以及挂、拆接地线将电气设备从一种状态转换为另一种状态或使系统改变了运行方式，这种操作就叫倒闸操作。倒闸操作必须执行操作票制和工作监护制。

二、任务分析

380V厂用母线由"检修"转"运行"，先正确填写倒闸操作票，操作人签字的操作票，经审票人审核无误后在"审票人"栏签名，而后监护人、操作人应对照模拟图进行模拟操作，再次检查一下票的正确性，确定无误后由操作人和监护人一同完成倒闸操作。

三、任务材料清单（见表 6-4-1）

表 6-4-1　需要器材清单

名称	型号	数量	备注
人字梯		1 张	
护目眼睛		1 副	
绝缘手套		1 套	
绝缘靴		1 对	
机构箱钥匙		1 把	
操作加力杆		1 根	
倒闸操作票		1 张	

四、相关知识

（一）倒闸操作规范

1. 电气设备的状态

运行中的电气设备，系指全部带有电压或一部分带有电压以及一经操作即带有电压的电气设备。所谓一经操作即带有电压的电气设备，是指现场停用或备用的电气设备，它们的电气连接部分和带电部分之间只用断路器或隔离开关断开，并无拆除部分，一经合闸即带有电压。因此，运行中的电气设备具体指的是现场运行、备用和停用的设备。因而，电气设备的状态包括运行、热备用、冷备用和检修四种。

（1）运行状态。电气设备的运行状态是指断路器及隔离开关都在合闸位置，电路处于接通状态（包括变压器、避雷器、辅助设备如仪表等）。

（2）热备用状态。电气设备的热备用状态是指断路器在断开位置，而隔离开关仍在合闸位置，其特点是断路器一经操作即可接通电源。

（3）冷备用状态。电气设备的冷备用状态是指设备的断路器及隔离开关均在断开位置，其显著特点是该设备（如断路器）与其他带电部分之间有明显的断开点，设备冷备用根据工作性质分为断路器冷备用与线路冷备用等。

（4）检修状态。电气设备的检修状态是指设备的断路器和隔离开关均已断开，并采取了必要的安全措施。如检修设备（如断路器）两侧均装设了保护接地线（或合上了接地隔离开关），安装了临时遮栏，并悬挂了工作标示牌，该设备即处于检修状态。装设临时遮栏的目的是将工作场所与带电设备区域相隔离，限制工作人员的活动范围，以防在工作中因疏忽而误碰高压带电部分。电气设备检修根据工作性质可分为断路器检修和线路检修等。

2. 电气设备倒闸操作的任务

（1）设备的四种运行状态的互换，如设备停送电、备用转检修等。

（2）改变一次回路运行方式，如"倒母线"、改变母线的运行方式、并列与解列、合环与解环、改变中性点接地状态、调整变压器分接头等。

（3）继电保护和自动装置的投入、退出和改变定值。

（4）接地线的装设和拆除、接地开关的拉合。

（5）事故或异常处理。

（6）其他操作，如冷却器启停、蓄电池充放电等。

3. 倒闸操作常见的类型

（1）变电所内的倒闸操作。

1）本所设备停电修、试。

2）线路（或用户）停电修、试。

3）相邻变电所设备停电修、试。

4）调整负荷（如限电拉闸等）。

5）为经济运行或可靠运行而进行运行方式的调整。

6）事故或异常的处理。

7）新设备投入系统运行。

（2）配电网设备倒闸操作。

1）配电变压器停送。

2）网络并解环。

3）分支线路停、送。

4）箱式变压器停、送。

5）电缆高压分接箱停、送。

4. 电气设备倒闸操作的基本要求

（1）操作中不得造成事故。

（2）尽量不影响或少影响对用户的供电。

（3）尽量不影响或少影响系统的正常运行。

（4）万一发生事故，影响的范围应尽量小。

电气值班人员（包括调度员或变电所值班人员）在倒闸操作中，应严格遵循上述要求，正确地实现电气设备运行状态或运行方式的转变，保证系统安全、稳定、经济地连续运行。

5. 倒闸操作时注意事项

（1）同有关方面的联系。电力系统是一个整体，局部改变必然要影响整个电厂（变电所）或系统。因而任何倒闸操作必须按照领导人员（系统值班调度员、发电厂执长等）命令或得到同意后才能进行。属调度管辖的电气设备，由调度发令给值班长，由值长进一步布置操作；不属于调度管辖的设备，由现场领导人（值长、班长）发令给值班人员操作。

（2）紧急情况下的处理。在紧急情况下，如火灾、人身设备事故、自然灾害等，或者情况紧急而又与上级失去通信联系时，值班人员可以不经上级批准，先行操作，事后向上级汇报经过情况。

（3）一切倒闸操作不得在交接班时进行，因为此时最易出现问题。倒闸操作最好在最小负荷时进行，除非在急需和事故情况下，不宜在最大负荷时进行，因为此时如出现事故对电网及用户的影响最大。

（4）操作负责人必须是当值人员，在特殊情况下，可由非当值人员在详细了解情况后，在当值值长领导下担任。

6. 倒闸操作的原则

（1）操作隔离开关时，必须先断开断路器。

（2）设备送电前必须加用有关继电保护，没有继电保护或不能自动跳闸的断路器不准送电。

（3）高压断路器不允许带电压手动合闸，运行中的小车开关不允许打开机械闭锁手动分闸。

（4）在操作过程中，发现误合隔离开关时，不允许将误合的隔离开关再拉开。发现误拉隔离开关时，不允许将误拉的隔离开关再重新合上。

7. 倒闸操作的技术措施和组织措施

组织措施是指电气运行人员必须树立高度的责任感和牢固的安全思想，认真执行操作票制度、工作票制度、工作许可制度、工作监护制度以及工作间断、转移和终结制度等。在执行倒闸操作任务时，注意力必须集中，严格遵守操作规定，以免发生错误操作。

技术措施就是采用防误操作装置，即达到五防的要求：防止误拉合断路器，防止带负荷拉合隔离开关，防止带地线合闸，防止带电挂接地线，防止误入带电间隔。

8. 保证安全的技术措施

在全部停电或部分停电的电气设备上工作，必须完成下列措施：

（1）停电。将检修设备停电，必须把有关的电源完全断开，即断开断路器，打开两侧的隔离开关，形成明显的断开点，并锁住操作把手。

（2）验电。停电后，必须检验已停电设备有无电压，以防出现带电装设接地线或带电合接地刀闸等恶性事故的发生。

（3）装设接地线。当验明设备确实已无电压后，应立即将检修设备接地，并做三相短路。装设时应先接接地端，后接导体端，其好处是在停电设备若还有剩余电荷或感应电荷时，因接地而将电荷放尽，不会危及人身安全；另外，万一因疏忽跑错设备或出现意外突然来电时，因接地而使保护动作于跳闸，保护人身安全。同理，拆除接地线的顺序与装设接地线的顺序相反。接地线必须用专用的线夹固定在导体上，严禁用缠绕的方法进行接地和短路。

（4）悬挂标示牌和装设遮拦。工作人员在验电和装设接地线后，应在一经合闸即可送电到工作地点的开关和刀闸的操作把手上，悬挂"禁止合闸，有人工作！"的标示牌，或在线路开关和刀闸的操作把手上悬挂"禁止合闸，线路有人工作！"的标示牌，标示牌的悬挂和拆除，应按调度员的命令执行。

部分停电的工作，应设临时遮拦，用于隔离带电设备，并限制工作人员的活动范围，防止在工作中接近高压带电部分。在室内、外高压设备工作时，应根据情况设置遮拦或围栏。

9. 对电气设备操作人员的要求

（1）明确操作职责。只有值班长或正值才能够接受调度命令和担任倒闸操作中的监护人；副值无权接受调度命令，只能担任倒闸操作中的操作人；实习人员一般不介入操作中的实质性工作。操作中由正值监护、副值操作；实习人员担任操作时，应有两人监护，严禁单人操作。

（2）电气设备运行值班，人员应具备的基本知识。

1）必须熟悉本所一次设备，如本所一次接线方式，一次设备配备情况，一次设备的作用、结构、原理、性能、特点、操作方法、使用注意事项以及设备的位置、名称、编号等。

2）必须熟悉本所的二次设备，如本所的继电保护及自动装置的配备情况，各装置的作用、原理、特点、操作方法及使用注意事项等。

3）必须熟悉本所正常的运行方式及非正常运行方式，了解系统的有关运行方式。

4）必须熟悉有关规程和规定，如安全规程、现场运行维护规程、调度规程、倒闸操作制度等。

（3）熟悉调度知识。各级调度部门是各级电网运行的统一指挥中心，调度员和值班员在运行值班时，是上下级命令和被命令的关系，凡属相应调度部门所管辖的一次、二次设备的启停，均应按调度命令执行，如有怀疑，可提出质疑，如确属危及人身、设备安全，可拒绝执行。相互联系操作时，应互通姓名、内容和时间，并使用调度术语和设备的调度编号命名。

（4）充分了解当时的运行方式。应充分了解当时的运行方式，如一次回路的运行接线、电源和负荷的分布、继电保护和自动装置的投运情况，要与调度核对无误。

（5）细致核查操作的设备。操作人不能凭记忆操作，应仔细核对设备的编号、名称，无误后方可进行操作。

（6）严格执行调度操作命令。应有明确的调度命令、合格的操作票或经有关领导准许才能执行操作。

（7）使用合格的安全用具。验电笔、绝缘棒、绝缘靴、绝缘手套等的试验日期和外观检查应合格；操作中使用的仪表如钳形电流表、万用表、兆欧表等应保证其正确性和安全性。

（8）严格执行检修转运前的倒闸操作规定。检修转运倒闸操作前，必须收回并检查有关工作票，拆除安全措施，如拉开接地开关，拆除接地线及标示牌等；设备的调整试验数据应合格，并有工作负责人在有关记录簿上写入"可以投入运行"的结论；检查被操作设备是否处于正常位置。

（9）倒闸操作现场必须具备的条件。所有电气一次、二次设备必须标明编号和名称，字迹清楚、醒目，设备有传动方向指示、切换指示，以及区别相位的颜色；设备应达到防误要求，如不能达到，需经上级部门批准；控制室要有与实际电路相符的电气一次模拟图和二次回路的原理图和展开图；要有合格的操作工具、安全用具和设施等；要有统一的、确切的调度术语、操作术语；值班人员必须经过安全教育、技术培训，熟悉业务和有关规章、规程规范制度，经评议、考试合格、主管领导批准、公布值班资格（正、副值）名单后方可承担一般操作和复杂操作，接受调度命令，进行实际操作或监护工作。

（二）倒闸操作票填写规范

（1）在填写操作票时，应严格使用电力系统调度术语。

（2）填写操作票时，操作步骤内容中操作动作动词的选用按以下规定执行：

1）操作开关、刀闸（包括二次小开关、小刀闸、跌落保险）用"拉开"、"合上"。

2）操作压板用"投入"、"退出"。

3）操作电流端子用"连接"、"短接"。

4）操作保险用"插上"、"取下"。

5）操作切换小开关、双掷小刀闸用"将×××从××切至××"。

6）操作接地线用"装设"、"拆除"。

（3）下列项目应填进操作票：

1）应拉合的开关和刀闸。

2）检查开关和刀闸的位置。

3）装拆接地线。

4）检查接地线是否拆除。

5）插上或取下控制回路或电压互感器回路的保险器（熔丝、小开关）。

6）切换保护回路（启用或停用继电保护、自动装置及改变保护定值区间）。

7）用验电器检验停电的导电部分是否确无电压。

8）检查负荷分配（如停送主变、线路并列、联络线路的停送等）。

（4）为防止误操作，下列项目在操作票中应作为单独项目填写：

1）在操作刀闸前检查开关确在"分闸"位置。

2）开关、刀闸操作后应检查其实际位置（分闸或合闸位置）。

3）合上、拉开接地刀闸后（或装设、拆除接地线后）应检查其实际位置。

4）在回路转热备用前检查所有安全措施确已拆除，具备带电条件。

5）在冷备用转检修之前检查该设备确在冷备用状态（即该设备各刀闸均在"分闸"位置）。

6）如果设备由运行转检修操作中，未退出保护，送电时检查该设备"所有保护确已正确投入"，不必分项检查（主变大修后主保护应分项检查）。

7）合上或切换母线刀闸时，检查二次电压切换是否正常。

8）在投入、退出设备保护时，按类别、段别（如Ⅱ段、Ⅲ段）分项填写清楚，处于运行状态设备的保护或自动装置切换前，应用高内阻电压表检测出口压板两端确无异常电压。

9）对有遥控功能的变电站，在就地停、送电操作前，必须切换该回路的"远方"、"就地"控制切换开关。

10）母线停电时，在拉开母联、分段开关前，可检查该母线上各母线刀闸均在"分闸"位置。

11）在合上接地刀闸装设接地线前，应填写"验明×××与×××××间三相确无电压"。

12）对装有 VQC 装置（电压、无功自动补偿调整装置）的变电站，在操作电容回路前，必须退出 VQC 装置上该回路出口压板；在操作主变前，必须退出 VQC 装置上主变挡位调节出口压板。

13）在下列情况应填写抄录三相电流（如"合上#×××开关"，则抄录三相电流的标准术语格式为"检查×××开关确在合闸位置，A 相电流为×××A、B 相电流为×××A、C 相电流为×××A"。不必单独列项）。①合上母联开关后，应抄录三相电流。②合上分段开关后，应抄录三相电流（注：如是合环操作可以抄录三相电流，空充母线时应抄录三相电压）。③在拉开母联、分段开关前后，应抄录三相电流。④旁路带出线或主变，在合上旁路开关后，应抄录三相电流。⑤线路或主变由旁路带改本线运行，在合上本线开关后，抄录三相电流。⑥解、合环操作时，抄录有关回路的三相电流。⑦主变投运时，抄录主变各侧开关三相电流（空充母线时，应抄三相电压）。⑧母线电压互感器送电后，抄录母线三相电压。

14）合线路侧接地刀闸或装设接地线前检查旁路刀闸确在分闸位置。

（5）开关检修时应分项先取控制电源、后取信号电源、合闸电源保险。

（6）母线停电时，母线 PT 作为母线上最后一个停电设备退出运行。送电时作为第一个送电设备投入运行。

技能目标

一、工艺要求

（1）倒闸操作必须严格按规范化倒闸操作的要求进行。

（2）操作中不得造成事故。万一发生事故，影响的范围应尽量小。若发生触电事故，为了解救触电人，可以不经许可即行断开有关设备的电源，但事后应立即报告调度和上级部门。

（3）尽量不影响或少影响对用户的供电和系统的正常运行。

（4）交接班时，应避免进行操作。雷电时，一般不进行操作，禁止就地进行操作。

（5）操作中一定要按规定使用合格的安全用具（验电器、绝缘棒、绝缘夹钳），应穿工作服、绝缘鞋（雨天穿绝缘靴，绝缘棒应有防雨罩），戴安全帽、绝缘手套或使用安全防护用品（护目镜）。

（6）操作时操作人员一定要集中精力，严禁闲谈或做与操作无关的事，非参与操作的其他值班人员，应加强监视设备运行情况，做好事故预想，必要时提醒操作人员。操作中，遇有特殊情况，应经值班调度员或站长批准，方能使用解锁工具（钥匙）。

二、任务实施

步骤一：接受发令人预发命令。

步骤二：操作人（填票人）填写操作票。

步骤三：审核操作票。

步骤四：接受发令人正式指令。

步骤五：高声唱票。

步骤六：高声复诵。

步骤七：实际操作，逐项勾票。

步骤八：汇报操作完成。

步骤九：做好记录，签销操作票。

三、评价表

表 6-4-2　工作任务过程训练评价表

序号	工作过程	工作内容	评分标准	配分	学生自评		教师	
					扣分	得分	扣分	得分
1	资讯	相关知识查找	查找相关知识，初步了解 基本掌握相关知识 较好地掌握相关知识	10				
2	决策	确定方案，编写计划	制订整体设计方案，修改一次扣2分；修改两次扣5分	10				
3	实施	记录步骤	实施中步骤记录不完整达到10%，扣2分 实施中步骤记录不完整达到30%，扣3分 实施中步骤记录不完整达到50%，扣5分	10				
4	结果评价	操作票填写	票面应字迹工整、清楚 严禁涂改重要文字，其中设备双重编号、接地线组数及编号、动词等重要文字严禁出现错误，否则每项扣5分 使用标准简化汉字 日期、时间、设备编号、接地线编号、主变挡位、定值及定值区号等应使用阿拉伯数字（国标要求的特殊写法除外） 按国标要求正确使用英文字母，不正确的每项扣3分	20				
		倒闸操作规范	操作步骤，每错一步扣5分 没有高声复诵，一次扣2分 实际操作，没有逐项勾票，每次扣5分	30				
		做好记录，签销操作票	汇报完毕后，监护人监护，由操作人将系统模拟图与设备状态核对一致，否则扣3分 监护人没有在操作票的操作步骤最后一项下侧顶足格盖"已执行"章，扣2分 不开班后会，扣5分	10				
5	职业规范，团队合作	安全文明生产，交流合作，组织协调	不遵守教学场所规章制度，扣2分 出现重大事故或人为损坏设备，扣10分 出现短路故障，扣5分 实训后不清理、清洁现场，扣3分	10				

续表

序号	工作过程	工作内容	评分标准	配分	学生自评		教师	
					扣分	得分	扣分	得分
合计				100				

学生自评：

签字　　　日期

教师评语：

签字　　　日期

 知识检测

一、单项选择题

1. 操作票填写中，合上或拉开的隔离开关，刀开关统称为（　　）。

A. 开关　　　　　　B. 负荷开关　　　　　C. 刀闸

2. 电气设备由事故转为检修时，应（　　）。

A. 填写工作票　　　B. 直接检修　　　　　C. 汇报领导后进行检修

二、判断题

1. 操作票中，一项操作任务需要书写多页时，须注明转接页号，且页号相连。（　　）

2. 操作要按操作顺序填写，一张操作票只能填写一个操作任务。（　　）

3. 工作票签发人不得兼任所签发工作票的工作负责人。（　　）

4. 电网倒闸操作，必须根据值班调度员的命令执行，未得到调度指令不得擅自进行操作。（　　）

5. 在发生严重威胁设备及人身安全的紧急情况下，可不填写工作票及操作票，值班人员立即断开有关的电源。（　　）

6. 一切调度命令是以值班调度员发布命令时开始，至受令人执行完后报值班调度员后才算全部完成。（　　）

单元七

陶瓷企业电工作业人员的
安全保证措施

任务一　安全组织措施

任务教学目标	知识目标： （1）掌握安全组织措施要求。 （2）掌握电气安全组织规范。 技能目标： （1）能正确执行组织措施。 （2）能够分辨安全组织措施是否建立。 （3）能正确地填写工作票。 素质目标： 培养动手能力、学习能力、分析事情和解决问题的能力。

 知识目标

一、任务描述

为了确保电气工作中的人身安全，《电业安全工作规程》规定：在高压电气设备或线路上工作必须完成工作人员安全的组织措施和技术措施；对低压带电工作，也要采取妥善的安全措施后才能进行。按照要求认真进行工作票的填写和使用。

二、任务分析

通过观看视频和挂图以及 PPT 演示，叙述电气事故以及安全用电常识。

三、任务材料清单（见表 7-1-1）

表 7-1-1　需要器材清单

名称	型号	数量	备注
电气事故视频		若干	
安全用电挂图、PPT		若干	
工作票		若干	

四、安全技术措施

在电气设备上工作，保证安全的组织措施有：工作票制度，工作许可制度，工作监护制度，工作间断、转移和终结制度。

（一）工作票制度

工作票是准许在电气设备或线路上工作的书面命令，是明确安全职责、向作业人员进行安全交底、履行工作许可手续、实施安全技术措施的书面依据，是工作间断、转移和终结的手续。

1. 工作票的种类及使用范围

工作票依据作业的性质和范围不同，分为第一种工作票和第二种工作票。

（1）第一种工作票的使用范围。

1）在高压设备上工作需要全部停电或部分停电者。

2）在高压室内的二次接线和照明等回路上的工作，需要将高压设备停电或做安全措施者。

3）在停电线路（或在双回线路中的一回停电线路）上的工作。

4）在全部或部分停电配电变压器台架上，或配电变压器室内的工作（全部停电是指供给该配电变压器台架或配电变压器室内的所有电源线路均已全部断开）。

（2）第二种工作票的使用范围。

1）带电作业和在带电设备外壳上的工作。

2）控制盘和低压盘、配电箱、电源干线上的工作。

3）二次接线回路上的工作，无须将高压设备停电者。

4）转动中的发电机、同步调相机的励磁回路或高压电动机转子电阻回路上的工作。

5）非当班值班人员用绝缘棒和电压互感器定相或用钳形电流表测量高电压回路的电流。

6）带电线路杆塔上的工作。

7）在运行中的配电变压器台架上，或配电变压器室内工作。

2. 工作票的填写与签发

（1）工作票应用钢笔或圆珠笔填，一式两份，应正确清楚，不得任意涂改，个别错漏字需要修改时应字迹清楚。

（2）工作负责人可以填写工作票。

（3）工作票签发人应由工区、变电所熟悉人员，技术水平、熟悉设备情况、熟悉安全规程的生产领导人、技术人员或经主管生产领导批准的人担任。

（4）工作许可人不得签发工作票。

（5）工作票签发人员名单应当面公布。

（6）工作负责人和允许办理工作票的值班员（工作许可人）应由主管生产领导当面批准。

（7）工作票签发人不得兼任所签发任务的工作负责人。工作票签发人必须明确工作票上所填写的安全措施是否正确完备。所派的工作负责人和工作班成员是否合适和足够，精神状况是否良好。

（8）一个工作负责人只能发给一张工作票。

（9）工作票上所列的工作地点，以一个电气连接部分为限（指一个电气单元中用刀闸分开的部分）。如果需作业的各设备属于同一电压，位于同一楼层，同时停送电，又不会触及带电体时，则允许几个电气连接部分（如母线所接各分支电气设备）共用一张工作票。

（10）在几个电气连接部分依次进行不停电的同一类型的工作，如对各设备依次进行校验仪表的工作，可签发一张（第二种）工作票。

（11）若一个电气连接部分或一个配电装置全部停电时，对与其连接的所有不同地点的设备的工作，可发给一张工作票，但要详细写明主要工作内容。

（12）几个班同时进行工作时，工作票可发给一个总负责人，在工作班成员栏内只填明各班的工作负责人，不必填写全部工作人员名单。

（13）建筑工、油漆工等非电气人员进行工作时，工作票发给监护人。

3．工作票的使用

所填写并经签发人审核签字后的一式两份工作票中的一份必须经常保存在工作地点，由工作负责人收执，另一份由值班员收执，按班次移交。

值班员应将工作票号码、工作任务、许可工作时间及完工时间记入操作记录簿上。在开工前，工作票内标注的全部安全措施应一次做完。工作负责人应检查工作票所列的安全措施是否正确完整和值班员所做的安全措施是否符合现场的实际情况。

第二种工作票应在工作前一天交给值班员，若变电所离工区较远或因故更换新的工作票不能在工作前一天将工作票送到，工作票签发人可根据自己填好的工作票用电话全文传达给变电所的值班员，值班员应做好记录，并复诵核对。若电话联系有困难，也可在进行工作的当天预先将工作票交给值班员。临时工作可在工作开始前直接交给值班员。

第二种工作票应在进行工作的当天预先交给值班员。第一、二种工作票的有效时间，以批准的检修期为限。第一种工作票至预定计划时间，工作尚未完成时，应由工作负责人办理延期手续。延期手续应由工作负责人向值班负责人申请办理；主要设备检修延期要通过值班长办理。工作票有破损不能继续使用的，应补填新的工作票。

需要变更工作班的成员时，须经工作负责人同意。需要变更工作负责人时，应由工作票签发人将变动情况记录在工作票上。若扩大工作任务，必须由工作负责人通过工作许可人，填入增加的工作项目。若需变更或增设安全措施，必须填写新的工作票，并重新履行工作许可手续。

（二）工作许可制度

工作许可制度是工作许可人（值班电工）根据低压工作票或低压安全措施票的内容在做设备停电安全技术措施后，向工作负责人发出工作许可的命令；工作负责人方可开始工作；在检修工作中，工作间断、转移以及工作终结，必须由工作许可人的许可，所有这些组织程序规定都叫工作许可制度。

工作许可手续是指工作许可人在完成施工现场的安全措施后，会同工作负责人到工作现场所做的一系列证明、交代、提醒和签字而准许检修工作开始的过程。为了对工作人员的生命高度负责，《电业安全工作规程》第 52 条规定，工作许可人应向工作负责人证明设备已进入检修状态，必须"以手触试"该检修设备来证明"确无电压"。同时，工作许可人还必须向检修负责人指明周围设备带电部位，交代和强调其他注意事项。工作许可人交代完毕，工作负责人认同后，双方在工作票上签字，许可人填写现场许可工作时间，表示正式许可工作。对由调度管辖设备的工作许可，设备由冷备用状态转入检修状态后，即应先向调度部门汇报现场检修工作安全措施的完备情况，待调度部门许可后，现场再办许可填写手续。通过工作许可手续的办理，能够大大加强人员的职业责任性。工作许可制度是确保检修人员安全的必不可少的组织手段。

（三）工作监护制度

执行工作监护制度为的是使工作人员在工作过程中有人监护、指导，以便及时纠正一切不安全的动作和错误做法，特别是在靠近有电部位及工作转移时更为重要。监护人应熟悉现场的情况，应有电气工作的实际经验，其安全技术等级应高于操作人。

（1）完成工作许可手续后，工作负责人（监护人）应向工作班人员交代工作内容、人员分工、现场安全措施、带电部位和其他注意事项；工作负责人（监护人）必须始终在工作现场对工作班人员的安全认真监护，及时纠正不安全行为。

（2）所有工作人员（包括工作负责人）不许单独留在高压室内和室外变电所高压设备区内，如工作需要（如测量、试验等）且现场允许时，可准许有经验的一人或几人同时在他室进行工作，但工作负责人在事前应将有关安全注意事项予以详尽的指示。

（3）带电或部分停电作业时，应监护所有工作人员的活动范围，使其与带电部分保持安全距离，应监护工作人员使用的工具是否正确、工作位置是否安全、操作方法是否正确等。

（4）监护人在执行监护时，不得兼做其他工作，但在下列情况下，监护人可参加工作班工作：在全部停电时；在变、配电所内部分停电时，只有在安全措施可靠、人员集中在一个地点、总人数不超过三人时；所有室内、外带电部分，均有可靠的安全遮栏足以防止触电的可能，不致误碰导电部分时。

（5）工作负责人或工作票签发人，应根据现场的安全条件、施工范围、需要等具体情况增设专人监护和批准被监护的人数；专责监护人不得兼做其他工作。

（6）工作期间，工作负责人若因故必须离开工作点时，应指定代替人，交代清楚，并告知工作班人员；返回时，也应履行同样的交接手续；工作负责人需长时间离开，应由原工作票签发人变更新的工作负责人，两工作负责人应做好必要的交接。

（7）值班员如发现工作人员违反安全规程或任何危及工作人员安全的情况时，应向工作负责人提出改正意见，必要时可暂时停止工作，并立即报告上级。

（四）工作间断、转移和终结制度

1. 工作间断

（1）工作间断时，工作班人员应从工作现场撤出，所有安全措施保持不动，工作票仍由工作负责人执存。间断后继续工作，无须通过工作许可人。每日收工，应清扫工作地点，开放已封闭的通路，并将工作票交回值班员。次日复工时，应取得值班员许可，取回工作票，工作负责人必须事前重新认真检查安全措施是否符合工作票的要求。若无工作负责人或监护人带领，工作人员不得进入工作地点。

（2）在未办理工作票终结手续以前，变配电所值班人员不准对施工设备合闸送电。

在工作间断期间，若有紧急需要，值班人员可在工作票未交回的情况下合闸送电，但应先将工作班全班人员已经离开工作地点的确切根据通知工作负责人或电气分场负责人，在得到他们可以送电的答复后方可执行，并应采取下列措施。

1）拆除临时遮栏、接地线和警告牌，恢复常设遮栏，换挂"止步，高压危险！"的警告牌。

2）必须在所有通路上派专人守候，以便告诉工作班人员"设备已经合闸送电，不得继续工作"，守候人员在工作票未交回前，不得离开守候地点。

2. 工作转移

在同一电气连接部分用同一工作票依次在几个工作地点转移工作时，全部安全措施由值班员在开工前一次做完，不需再办理转移手续。但工作负责人在转移工作地点时，应向工作人员交代带电范围、安全措施和注意事项。

3. 工作终结

全部工作完毕后，工作班应清扫、整理现场。工作负责人应先周密地检查，在全体工作人员撤离工作地点后，再向值班人员讲清所修项目、发现问题、试验结果和存在问题等，并与值班人员共同检查设备状况，有无遗留物件，是否清洁等。然后在工作票上填明工作终结时间，经双方签名后，工作票才告终结。在线路工作结束前，工作负责人（包括小组负责人）必须检查线路检修地段的状况以及在电杆、导线及瓷瓶上有无遗留的工具、材料等，通知并查明全部工作人员由电杆上撤下后，命令拆除接地线。接地线拆除后，当即认为线路带电，不准任何人再登杆进行工作。线路工作终结后，工作负责人应报告工作许可人。

对于线路检修，工作许可人在接到所有工作负责人的完工报告，并确知工作已经完毕，所有工作人员已由线路上撤离，接地线已经拆除且与记录簿核对无误后，方可下令拆除变、配电所线路侧的安全措施，恢复向线路送电。

对于变配电所设备检修，只有在同一停电系统的所有工作票结束，拆除所有接地线、临时遮栏和警告牌，恢复常设遮栏并得到值班调度员（没有设值班调度员时为主管负责人）或值班负责人的许可命令后，方可合闸送电。

五、任务实施

实施步骤如图 7-1-1 所示。

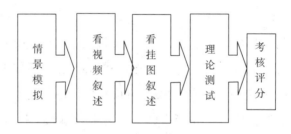

图 7-1-1　实施步骤

低压第一种工作票

编号：＿＿＿＿＿＿＿＿＿

1. 工作单位及班组：＿＿＿＿＿＿＿＿＿＿＿＿＿＿＿＿＿＿＿＿＿＿

2. 工作负责人：＿＿＿＿＿＿＿＿＿＿＿＿＿＿＿＿＿＿＿＿＿＿

3. 工作班成员：＿＿＿＿＿＿＿＿＿＿＿＿＿＿＿＿＿＿＿＿＿＿

＿＿＿＿＿＿＿＿＿＿＿＿＿＿＿＿＿＿＿＿＿＿＿＿ 共＿ 人。

4. 停电线路、设备名称（双回线路应注明双重称号）：

＿＿＿＿＿＿＿＿＿＿＿＿＿＿＿＿＿＿＿＿＿＿＿＿＿＿＿＿

＿＿＿＿＿＿＿＿＿＿＿＿＿＿＿＿＿＿＿＿＿＿＿＿＿＿＿＿

5. 工作地段与工作任务（注明分、支线路名称，线路起止杆号）：

工作地点或地段 （注明分、支线路名称、线路的起止杆号）	工作内容

6. 应采取的安全措施（应断开的开关、刀开关、熔断器和应挂的接地线，应设置的围栏、标示牌等）：_____

_____

保留的带电线路和带电设备：_____

应挂的接地线（共 ____ 组）：

线路设备及杆号				
接地线编号				

7. 补充安全措施：

工作负责人填：_____

工作票签发人填：_____

工作许可人填：_____

8. 计划工作时间：

自____年___月___日___时___分至____年___月___日___时___分

工作票签发人：_____ 签发时间：____年___月___日___时___分

工作票会签人：_____ 会签时间：____年___月___日___时___分

9. 开工和收工许可：

开工时间 （日时分）	工作负责人 （签名）	工作许可人 （签名）	收工时间 （日时分）	工作负责人 （签名）	工作许可人 （签名）

10. 现场危险点分析及防范措施（工作负责人填写）：

本次工作存在的危险点	防范措施

工作班成员确认签名：

_____

11. 工作终结：

现场所挂的接地线编号 _____ 共 _____组，已全部拆除、带回。

现场已清理完毕，工作人员已全部离开现场。

全部工作于 _____年___月___日___时___分结束。

工作负责人签名：_____工作许可人签名：_____

12. 需记录备案的内容（工作负责人填）：

_____

_____

13. 附线路走径示意图（有电线路用红色表示）：

_____

注：此工作票除注明外，均由工作负责人填写。

工作任务过程训练评价表

序号	项目内容	配分	评分标准	扣分	得分
1	看视频叙述	30	表达不清楚，扣10分 不能正确分辨原因，扣20分		
2	看挂图叙述	30	表达不清楚，扣10分 不能正确分辨原因，扣20分		
3	理论测试，填写工作票	40	错误一处，扣5分 漏答一处，扣5分		
4	安全文明生产		违反安全文明操作规程酌情扣分		

知识检测

（1）电气安全的组织措施包括哪些？

（2）工作票分几种？各适用哪些工作？

（3）什么是工作许可制度？工作许可应完成哪些工作？

（4）低压带电作业应注意哪些事项？

（5）什么是工作监护制度？

任务二　安全技术措施

	知识目标：
	（1）掌握安全技术措施。
	（2）掌握安全技术规范。
	技能目标：
任务教学目标	（1）能正确执行技术措施。
	（2）能够分辨安全技术措施是否到位。
	（3）能正确地进行安全作业。
	素质目标：
	培养动手能力、学习能力、分析事情和解决问题的能力。

 知识目标

一、任务描述

为了确保电气工作中的人身安全，《电业安全工作规程》规定：在高压电气设备或线路上工作必须完成工作人员安全的组织措施和技术措施；对低压带电工作，也要采取妥善的安全措施后才能进行。

二、任务分析

通过观看视频和挂图以及 PPT 演示，叙述电气事故以及安全用电常识。

三、任务材料清单（见表 7-2-1）

表 7-2-1　需要器材清单

名称	型号	数量	备注
电气事故视频		若干	
安全用电挂图、PPT		若干	

四、安全技术措施

在电力线路上工作或进行电气设备检修时，为了保证工作人员的安全，一般都在停电状态下进行，停电分为全部停电和部分停电，不管是在全部停电还是在部分停电的电气设备工作或电力线路上工作，都必须采取停电、验电、装设接地线以及悬挂标示牌和装设遮栏四项基本措施，这是保证发电厂、变电所、电力线路工作人员安全的重要技术措施。

（一）发电厂、变电所工作的安全技术措施

1. 停电

《电业安全工作规程》上规定必须停电的设备有：

检修的设备；与工作人员在进行工作中正常活动范围的距离小于表 7-2-1 规定的设备。

表 7-2-2　工作人员工作时的正常活动范围与带电设备的安全距离

设备电压等级（kV）	≤13.8	35	110	220	330	500
安全距离（m）	0.35	0.6	1.5	3	4	5

在 44kV 以下的设备上进行工作，与工作人员在进行工作中正常活动范围的距离虽大于表 7-2-2 规定，但小于表 7-2-3 规定，同时又无安全遮栏措施的设备；带电部分在工作人员后面或两侧无可靠安全措施的设备。

将工作现场附近不满足安全距离的设备停电，主要是考虑到工作人员在工作中可能出现的一些意外情况而采取的措施。

表 7-2-3　带电设备的安全距离

设备电压等级（kV）	10 及以下	35	44	110	220	330
安全距离（m）	0.7	1.0	1.2	1.5	3	4

将检修设备停电，必须把各方面的电源完全断开（任何运行中的星形接线设备的中性点，必须视为带电设备）。必须拉开隔离开关，使各方面至少有一个明显的断开点。

禁止在只经断路器断开电源的设备上工作。与停电设备有关的变压器和电压互感器，必须从高、低压两侧断开，防止向停电检修设备反送电。为了防止在检修断路器或远方控制的隔离开关可能因误操作或因试验等引起的保护误动作而使断路器或隔离开关突然跳合闸而发生意外，必须断开断路器和隔离开关的操作电源，隔离开关操作把手必须锁住。

2. 验电

通过验电可以验证停电设备是否确无电压，可以防止出现带电装设接地线或带电合接地开关事故的发生。验电必须用电压等级合适而且合格的验电器，验电前，验电器应先在有电设备上进行试验，确证验电器良好，方可使用；如果在木杆、木梯或在架构上验电，不接地线、不能指示有无电压时，经值班负责人许可，可在验电器上接地线，为了防止某些意外情况发生，在检修设备进出线两侧各相应分别验电；验电时必须戴绝缘手套，330kV 及以上的电气设备，在没有相应电压等级的专用验电器的情况下，可使用绝缘棒代替验电器，根据绝缘棒端有无火花和放电噼啪声来判断有无电压。

表示设备断开和允许进入间隔的信号、经常接入的电压表等，因为有可能失灵而错误指示，所以不得作为设备无电压的根据，但如果指示有电，则禁止在该设备上工作。

3. 装设接地线

装设接地线是保护工作人员在工作地点防止突然来电的可靠安全措施，同时接地线也可将设备断开部分的剩余电荷放尽。装设接地线应符合安规的有关规定，在用验电器验明设备确无电压后，应立即将检修设备接地并三相短路，防止在较长时间间隔中，可能会发生停电设备突然来电的意外情况，对于可能送电至停电设备的各方面或停电设备可能产生感应电压的都要装设接地线。所装接地线与带电部分应符合安全距离的规定，这样对来电而言，可以做到始终保证工作人员在接地线的后侧，因而可确保安全。当停电设备有可能产生危险感应电压时，应视情况适当增挂接地线。

检修母线时，应根据母线的长短和有无感应电压等实际情况确定地线数量。检修 10m 及以下的母线，可以只装设一组接地线。在门型架构的线路侧进行停电检修，如工作地点与所装接地线的距离小于 10m，工作地点虽在接地线外侧，也可不另装接地线。

检修部分若分为几个在电气上不相连接的部分（如分段母线以隔离开关或断路器隔开分成几段）则各段应分别验电接地短路。降压变电所全部停电时，应将各个可能来电侧的部分接地短路，其余部分不必每段都装设接地线。为了防止因通过短路电流时断路器跳闸或熔断器迅速熔断而使工作地点失去接地保护，所以接地线与检修部分之间不准连有断路器或熔断器。

在室内配电装置上工作，接地线应装在该装置导电部分的规定地点，这些地点的油漆应刮去，并画下黑色记号，所有配电装置的适当地点，均应设有接地网的接头，接地电阻必须合格。这主要是为了保证接地线和设备之间接触良好，因为若接触不良，则当流过短路电流时，在接触电阻上产生的电压降施加于被检修的设备上，这是不允许的，所以，接地线必须使用专用的线夹固定在导体上，严禁用缠绕的方法进行接地或短路。装设接地线必须由两人进行，若为单人值班，只允许使用接地开关接地，或使用绝缘棒合接地刀闸，避免发生万一设备带电危及人身安全而无人救护的严重后果；装设接地线必须先接接地端，后接导体端，拆接地线的顺序与此相反。这是为了在装拆接地线的过程中始终保证接地线处于良好的接地状态。

接地线应用多股软裸铜线，其截面积应符合短路电流的要求，但不得小于 25mm²，接地线在每次装设以前应经过详细检查。损坏的接地线应及时修理或更换。禁止使用不符合规定的导线作接地或短路之用。这主要是为了防止发生短路时，在断路器跳闸前接地线过早地烧断，使工作地点失去保护，故其截面应满足短路时的热稳定要求。

高压回路上的工作，需要拆除全部或一部分接地线后方能进行的工作，如测量母线和电缆的绝缘电阻，检查断路器（开关）触头是否同时接触时，必须征得值班员或调度员的许可，方可临时拆除接地线，但在工作完毕后应立即恢复。

每组接地线均应编号，并存放在固定地点。存放位置亦应编号，接地线号码与存放位置号码必须一致，装、拆接地线，应做好记录，交接班时应交代清楚，这样便于检查和核定，掌握接地线的使用情况，以防止发生带接地线送电事故。

4. 悬挂标示牌和装设遮栏

在工作现场悬挂标示牌和装设遮栏可以提醒工作人员减少差错，限制工作人员的活动范围，防止接近运行设备，它是保证安全的重要技术措施之一。应悬挂标示牌和装设遮栏的地点主要有以下几处：

在一经合闸即可送电到工作地点的断路器和隔离开关的操作把手上，该处应悬挂"禁止合闸，有人工作"的标示牌。如果线路上有人工作，应在线路断路器和隔离开关操作把手上悬挂"禁止合闸，线路有人工作"的标示牌，标示牌的悬挂和拆除应按调度员的命令进行。

部分停电的工作，安全距离小于表 7-2-3 规定距离以内的未停电设备，应装设临时遮栏，临时遮栏与带电部分的距离，不得小于表 7-2-2 的规定数值。临时遮栏可用干燥木材、橡胶或其他坚韧绝缘材料制成，装设应牢固，并悬挂"止步，高压危险！"的标示牌。35kV 及以下设备的临时遮栏。如因工作需要，可用绝缘挡板与带电部分直接接触。但此种挡板必须具有高度的绝缘性能。

在室内高压设备上工作，应在工作地点两旁间隔和对面间隔的遮栏上和禁止通行的过道上悬挂"止步，高压危险！"的标示牌，以防止工作人员误入有电设备间隔及其附近。

在室外地面高压设备上工作，应在工作地点四周用绳子做好围栏，围栏上悬挂适当数量的"止步，高压危险！"的标示牌，标示牌必须朝向围栏里面。

在工作地点悬挂"在此工作"的标示牌。

在室外架构上工作，则应在工作地点附近带电部分的横梁上，悬挂"止步，高压危险！"的标示牌。此项标示牌在值班人员的监护下，由工作人员悬挂。在工作人员上下的铁架和梯子上应悬挂"从此上下"的标示牌。在邻近其他可能误登的带电架构上，应悬挂"禁止攀登，高压危险！"的标示牌。

以上按要求悬挂的标示牌和装设的遮栏，严禁工作人员在工作中移动和拆除。

（二）电力线路上工作的安全技术措施

1. 停电

在电力线路上工作前，应做好的停电措施有：断开发电厂、变电所（含用户）线路断路器和隔离开关；断开需要工作班操作的线路各端断路器、隔离开关和熔断器；断开危及该线路停电作业，且不能采取安全措施的交叉跨越、平行和同杆线路的断路器和隔离开关；断开有可能返回低压电源的断路器和隔离开关；要检查断开后的断路器、隔离开关是否在断开位置；断路器、隔离开关的操作机构应加锁；跌落熔断器的熔断管应摘下；并应在断路器或隔离开关操作机构上悬挂"线路有人工作，禁止合闸！"的标示牌。

2. 验电

在停电线路工作地段装接地线前，要先验电，验明线路确无电压。验电要用合格的相应电压等级的专用验电器。330kV 及以上的线路，在没有相应电压等级的专用电器的情况下，可用合格的绝缘杆或专用的绝缘绳验电，验电时，绝缘棒的验电部分应逐渐接近导线，听其有无放电声，确定线路是否确无电压。验电时，应戴绝缘手套，并有专人监护，线路的验电应逐相进行。检修联络用的断路器或隔离开关，应在其两侧验电。对同杆塔架设的多层电力线路进行验电时，先验低压，后验高压，先验下层，后验上层。

3. 挂接地线

线路经过验明确无电压后，应立即在工作地段两端挂接地线。凡有可能送电到停电线路的分支线也要挂接地线。若有感应电压反映在停电线路上时，应加挂接地线。同时，要注意在拆除接地线时，防止感应电触电。

同杆塔架设的多层电力线路挂接地线时，应先挂低压，后挂高压，先挂下层，后挂上层。

挂接地线时，应先接接地端，后接导线端，接地线连接要可靠，不准缠绕，拆接地线时程序与此相反。装、拆接地线时，工作人员应使用绝缘棒或戴绝缘手套，人体不得碰触接地线。若杆塔无接地引下线时，可采用临时接地棒，接地棒在地面下深度不得小于 0.6m。

接地线应由接地和短路导线构成的成套接地线，成套接地线必须用多股软铜线组成，其截面积不得小于 25mm²。如利用铁塔接地时，允许每相个别接地，但铁塔与接地线连接部分应清除油漆，接触良好。严禁使用其他导线作接地线和短路线。

五、任务实施

实施步骤如图 7-2-1 所示。

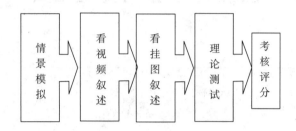

图 7-2-1　实施步骤

表 7-2-4　工作任务过程训练评价表

序号	项目内容	配分	评分标准	扣分	得分
1	看视频叙述	30	表达不清楚，扣 10 分 不能正确分辨原因，扣 20 分		
2	看挂图叙述	30	表达不清楚，扣 10 分 不能正确分辨原因，扣 20 分		
3	理论测试	40	错误一处，扣 5 分 漏答一处，扣 5 分		
4	安全文明生产		违反安全文明操作规程酌情扣分		

 知识检测

（1）在全部停电或部分停电的电气设备上工作，应采用哪些安全技术措施？

（2）停电的安全要求是哪些？

（3）触点的危害是什么？

（4）验电的安全要求是什么？

（5）哪些场合要悬挂标志牌？有哪几种标志牌？

任务三　电气安全用具

任务教学目标	**知识目标：**
	（1）掌握电气安全用具的作用。
	（2）掌握电气安全用具的分类。
	（3）掌握电气安全用具的操作要点。
	技能目标：
	（1）能正确选择电气安全用具。
	（2）能够正确使用电气安全用具。
	素质目标：
	培养动手能力、学习能力、分析事情和解决问题的能力。

 知识目标

一、任务描述

电工安全用具是电气工作人员在安装、运行、检修等操作中用以防止触电、坠落、灼伤等危险的电工专用工具和用具。这些工具不仅对完成工作任务起一定的作用，而且对人身安全起重要保护作用。如防止人身触电、电弧灼伤、高空摔跌等。要充分发挥电气安全用具的保护作用，则电气工作人员必须对各种电气安全用具的基本结构、性能有所了解，正确使用电气安全用具。

二、任务分析

通过任务清单，指认安全用具并叙述其用途和操作要点。

三、任务材料清单（见表 7-3-1）

表 7-3-1 需要器材清单

名称	型号	数量	备注
电气基本安全用具		若干	
辅助安全用具		若干	

四、电气安全用具种类和功能

（一）电气安全用具的分类

电气安全用具从总体上可划分为绝缘安全用具和一般防护安全用具两大类，分类如下：

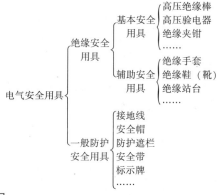

（二）基本安全用具

（1）电气基本安全用具的种类、用途及操作要点如表 7-3-2 所示。

表 7-3-2 电气基本安全用具说明

种类	用途	操作要点	图示
验电器（验电笔）	检查设备是否带电。分高压、低压两种	（1）应选用电压等级相符且经试验合格的产品 （2）验电前应先在确知带电设备上试验，以证实其完好后，方可使用 （3）使用高压验电器时，不要直接接触设备的带电部分，而要逐渐接近，致氖灯发亮为止 （4）使用时应注意避免因受邻近带电设备影响而使验电器氖灯发亮，引起误判断。验电器与带电设备距离应为：电压为 6kV 时，大于 150mm；电压为 10kV 时，大于 250mm	电阻 氖管 低压 高压

续表

种类	用途	操作要点	图示
绝缘棒	用来闭合或断开高压隔离开关、跌落保险，也可用来安装和拆除临时接地线以及用于测量和试验工作	不用时应垂直放置，最好放在支架上，不应使其与墙壁接触，以免受潮	
绝缘夹钳	用来安装高压熔断器或进行其他需要有夹持力的电气作业时的一种常用工具	工作时戴护目镜、绝缘手套，穿绝缘靴（鞋）或站在绝缘台（垫）上，精神集中，注意保持身体平衡，握紧绝缘夹，不使夹持物滑脱落下；潮湿天气应使用专门的防雨绝缘夹钳；不允许在绝缘夹钳上装接地线，以免接地线在空中悬荡，触碰带电部分造成接地短路或人身触电事故；使用完毕，应保存在专用的箱子里或匣子里，以免受潮和碰损	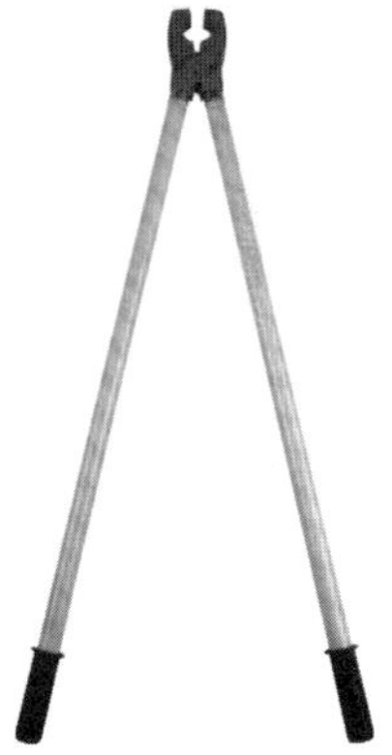
电工安全腰带	在电杆上、户外架构上进行高空作业时，用于预防高空坠落，保证作业人员的安全	不用时挂在通风处，不要放在高温处或挂在热力管道上，以免损坏	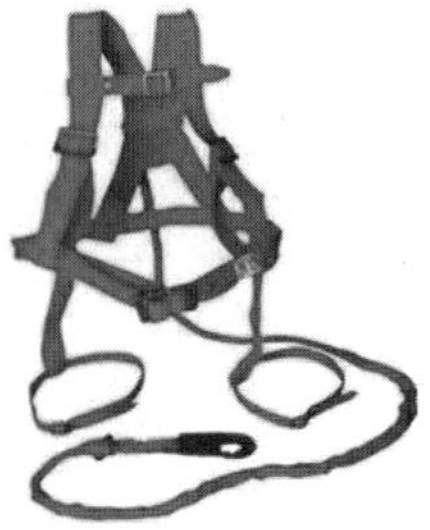
安全帽	保护使用者头部免受外来伤害的个人防护用具	（1）帽壳完整无裂纹或损伤，无明显变形 （2）帽衬组件（包括帽箍、顶衬、后箍、下额带等）齐全、牢固 （3）帽舌伸出长度为 10～50mm，倾斜度在 30°～60° （4）永久性标志清楚	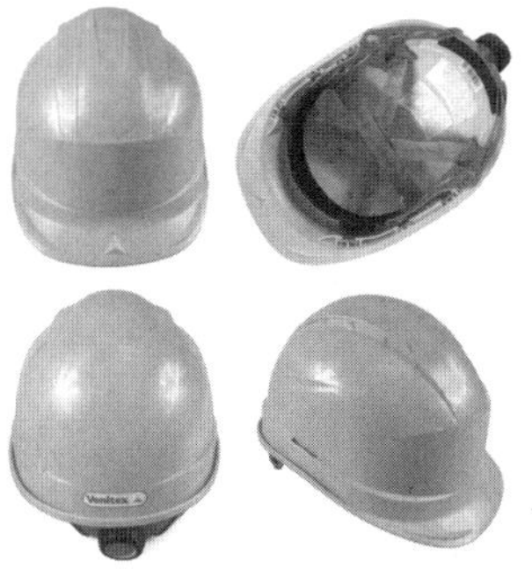

续表

种类	用途	操作要点	图示
临时接地线	为防止向已停电检修设备送电或产生感应电压而危及检修人员生命安全而采取的技术措施	(1) 挂接地线时要先将接地端接好，然后再将接地线挂在导线上，拆接地线的顺序与此相反 (2) 应检查接地铜线和三根短接铜线的连接是否牢固，一般应由螺栓拴紧后，再加焊锡焊牢，以防因接触不良而熔断 (3) 装设接地线必须由两人进行，装拆接地线均应使用绝缘棒和戴绝缘手套	
防护遮栏、标示牌	提醒工作人员或非工作人员应注意的事项	标示牌内容正确悬挂地点无误；遮栏牢固可靠；严禁工作人员和非工作人员移动遮栏或取下标示牌	
脚扣	电用钢或合金铝材料制作的弧形弯梗、皮带扣环和脚登板等构成的轻便登杆用具	(1) 脚扣在使用前应作外观检查，看各部分是否有裂纹、腐蚀、断裂现象。若有，应禁止使用，在不用时，亦应每月进行一次外观检查 (2) 登杆前，应对脚扣作人体冲击试登，以检验其强度。其方法是：将脚扣系于钢筋混凝土杆上离地 0.5m 处左右，借人体重量猛力向下蹬踩。脚扣（包括脚套）无变形及任何损坏方可使用 (3) 应按电杆的规格选择脚扣，并且不得用绳子或电线代替脚扣皮带系脚 (4) 脚扣不能随意从杆上往下摔扔，作业前后应轻拿轻放，并妥善保管，存放在工具柜里，放置应整齐	
升降板（登板）	常用的攀登电杆用具	(1) 脚踏板木质无腐朽、劈裂及其他机械或化学损伤 (2) 绳索无腐朽、断股或松散 (3) 绳索同脚踏板固定牢固 (4) 金属钩无损伤及变形 (5) 定期检验，有记录，未超期使用	

续表

种类	用途	操作要点	图示
携带型电流指示器（钳型电流表）	用以指示被测量的导线中的电流大小	使用时两手握住绝缘手柄，将铁心张开，钳口套入被测带电体，然后将铁心合拢，电流表便指示导体中电流读数。应保存在干燥地点，存放在特制的箱柜或盒子中，在潮湿或下雨的天气，禁止在室外使用	

（2）电气辅助安全用具的种类、用途及操作要点如表7-3-3所示。

表7-3-3　电气基本安全用具说明

种类	用途	操作要点	图示
绝缘鞋（靴）	进行高压操作时用来与地保持绝缘	严禁作为普通鞋（靴）穿用，使用前应检查有无明显破损，用后要妥善保管，不要与石油类油脂接触	
绝缘手套	用于在高压电气设备上进行操作	不允许作其他用途。使用前要认真检查是否破损、漏气，用后应单独存放，妥善保管	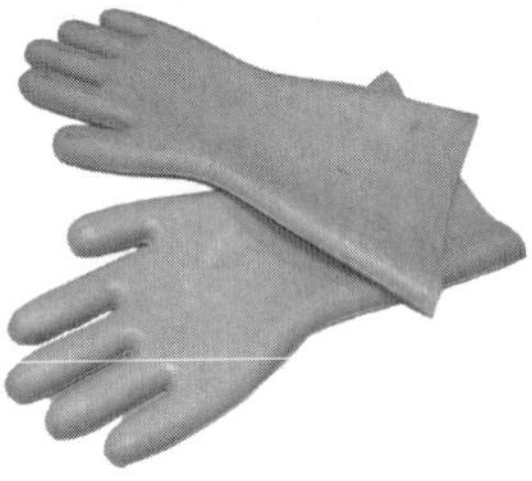
绝缘站台	在任何电压等级的电力装置中带电工作时使用，多用于变电所和配电室，如用于室外	不应使台脚陷入泥土或台面触及地面，以免过多地降低其绝缘性能	

种类	用途	操作要点	图示
绝缘橡皮垫（绝缘垫）	带电操作时用来作为与地绝缘	（1）最小尺寸不得小于 0.8m×0.8m （2）在使用过程中，应保持绝缘垫干燥、清洁，注意防止与酸、碱及各种油类物质接触，以免受腐蚀后老化、龟裂或变黏，降低其绝缘性能 （3）绝缘垫应避免阳光直射或锐利金属划刺，存放时应避免与热源（暖气等）距离太近，以免急剧老化变质，绝缘性能下降 （4）使用过程中要经常检查绝缘毯有无裂纹、划痕等，发现有问题时要立即禁止使用并及时更换	

（3）所有安全用具都要进行预防性和检查性试验，常用安全用具的试验内容、周期和标准如表 7-3-4、表 7-3-5 所示。

表 7-3-4　常用电气绝缘工具试验一览表

序号	名称	电压等级（kV）	周期	交流耐压（kV）	时间（min）	泄漏电流（mA）	附　注
1	绝缘棒	6~10	每年一次	44	5		
		35~154		四倍相电压			
		220		三倍相电压			
2	绝缘夹钳	35 及以下	每年一次	三倍相电压	5		
		110		260			
		220		400			
3	验电笔	6~10	每半年一次	40	5		发光电压不高于额定电压的 25%
		20~35		105			
4	绝缘手套	高压	每半年一次	8	1	≤9	
		低压		2.5		≤2.5	
5	橡胶绝缘靴	高压	每半年一次	15	1	≤7.5	
6	核相器电阻管	6	每半年一次	6	1	1.7~2.4	
		10		10			
7	绝缘绳	高压	每半年一次	105/0.5mm	5	1.4~1.7	

表 7-3-5 登高安全工具试验标准表

名称	试验静拉力（N）	试验周期	外表检查周期	试验时间（min）
大皮带	2205	每半年一次	每月一次	5
小皮带	1470	每半年一次	每月一次	5
安全绳	2205	每半年一次	每月一次	5
升降板	2205	每半年一次	每月一次	5
脚　扣	980	每半年一次	每月一次	5
竹（木梯）	试验荷重 1765N（180kg）	每半年一次	每月一次	5

五、任务实施

实施步骤如图 7-3-1 所示。

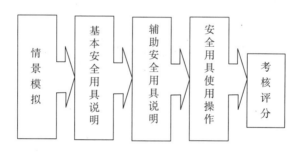

图 7-3-1 实施步骤

表 7-3-6 工作任务过程训练评价表

序号	项目内容	配分	评分标准	扣分	得分
1	电气基本安全用具指认和叙述	30	表达不清楚，扣 10 分 不能正确分辨原因，扣 20 分		
2	辅助安全用具指认和叙述	30	表达不清楚，扣 10 分 不能正确分辨原因，扣 20 分		
3	正确使用	40	错误一处，扣 5 分 漏答一处，扣 5 分		
4	安全文明生产		违反安全文明操作规程酌情扣分		

知识检测

（1）什么是电气安全用具？

（2）电气基本安全用具有哪些？

（3）电气辅助安全用具有哪些？

（4）使用验电器的操作要点是什么？

（5）临时接地线如何使用？

任务四　设备维护与保养

任务教学目标	**知识目标：** （1）掌握电气设备日常维护和保养的范围。 （2）掌握电动机维护保养的内容。 （3）掌握控制设备维护保养的内容。 **技能目标：** （1）能正确进行电动机的维护和保养。 （2）能够正确进行控制设备的维护和保养。 **素质目标：** 培养动手能力、学习能力、分析事情和解决问题的能力。

 知识目标

一、任务描述

电气设备在运行过程中出现的故障，有些可能是由于操作使用不当、安装不合理或维修不正确等人为因素造成的，称为人为故障。有些故障则可能是由于电气设备在运行时过载、机械振动、电弧灼烧损、长期动作的自然磨损、周围环境温度和湿度的影响、金属屑和油污等有害介质的侵蚀以及电器元件的自身质量问题或使用寿命等原因产生的，称为自然故障。显然，如果加强对电气设备的日常检查、维护和保养，及时发现一些非正常因素，并给予及时的修复或更换处理，就可以将故障消灭在萌芽状态，防患于未然，使电气设备少出甚至不出故障，以保证工业机械的正常运行。

二、任务分析

通过任务清单，指认安全用具并叙述其用途和操作要点。

三、任务材料清单（见表7-4-1）

表7-4-1　需要器材清单

名称	型号	数量	备注
电动机日常维护保养视频		若干	
电控设备保养、PPT		若干	

四、电气设备的日常维护和保养

电气设备的日常维护保养包括电动机和控制设备的日常维护保养。

（一）电动机的日常维护保养

（1）电动机应保持表面清洁，进、出风口必须保持畅通无阻，不允许水滴、油污或金属屑等任何异物掉入电动机的内部。

（2）经常检查运行中的电动机负载电流是否正常，用钳形电流表查看三相电流是否平衡，三相电流中的任何一相与其他两相平均值相差不允许超过10%。

（3）对工作在正常环境条件下的电动机，应定期用兆欧表检查其绝缘电阻；对工作在潮湿、多尘及含有腐蚀性气体等环境条件的电动机，更应该经常检查其绝缘电阻。三相380V的电动机及各种低压电动机，其绝缘电阻至少为0.5 MΩ 方可使用。高压电动机定子绕组绝缘电阻为1 MΩ/kV，转子绝缘电阻至少为0.5MΩ 方可使用。若发现电动机的绝缘电阻达不到规定要求时，应采取相应措施处理后，使其符合规定要求，方可继续使用。

（4）经常检查电动机的接地装置，使之保持牢固可靠。

（5）经常检查电源电压是否与铭牌相符，三相电源电压是否对称。

（6）经常检查电动机的温升是否正常。交流三相异步电动机各部位温度的最高允许值如表7-4-2所示。

表7-4-2　三相异步电动机的最高允许温度（用温度计测量法，环境温度+40℃）

绝缘等级		A	E	B	F	H
最高允许温度（℃）	定子和绕线转子绕组	95	105	110	125	145
	定子铁心	100	115	120	140	165
	滑环	100	110	120	130	140

注意：对于滑动和滚动轴承的最高允许温度分别为80℃和95℃。

（7）经常检查电动机的振动、噪声是否正常，有无异常气味、冒烟、启动困难等现象。一旦发现，应立即停车检修。

（8）经常检查电动机轴承是否有过热、润滑脂不足或磨损等现象，轴承的振动和轴向位移不得超过规定值。轴承应定期清洗检查，定期补充或更换轴承润滑脂（一般一年左右）。

电动机的常用润滑脂特性如表7-4-3所示。

表7-4-3　各种电动机使用的润滑脂特性

名称	钙基润滑脂	钠基润滑脂	钙钠基润滑脂	铝纂润滑脂
最高工作温度（℃）	70~85	120~140	120~140	200
最低工作温度（℃）	≥-10	≥-10	≥-10	—
外观	黄色软膏	暗褐色软膏	淡黄色、深棕色软膏	黄褐色软膏
适用电动机	封闭式、低速轻载的电动机	开启式、高速重载的电动机	开启式及封闭式高速重载的电动机	开启式及封闭式高速的电动机

（9）对绕线转子异步电动机，应检查电刷与滑环之间的接触压力、磨损及火花情况。当发现有不正常的火花时，需进一步检查电刷或清理滑环表面，并校正电刷弹簧压力。一般电刷与滑环的接触面的面积不应小于全面积的75%；电刷压强应为15000~25000Pa；刷握和滑环间应有2~4mm间距；电刷与刷握内壁应保持0.1~0.2mm游隙；对磨损严重者需更换。

（10）对直流电动机应检查换向器表面是否光滑圆整，有无机械损伤或火花灼伤。若沾有碳粉、油污等杂物，要用干净柔软的白布蘸酒精擦去。换向器在负荷下长期运行后，其表面会产生一层均匀的深褐色的氧化膜，这层薄膜具有保护换向器的功效，切忌用砂布磨去。但当换向器表面出现明显的灼痕或因火花烧损出现凹凸不平的现象时，则需要对其表面用零号砂布进行细心的研磨或用车床重新车光，而后再将换向器片间的云母下刻 1~1.5mm 深，并将表面的毛刺、杂物清理干净后，方能重新装配使用。

（11）检查机械传动装置是否正常，联轴器、带轮或传动齿轮是否跳动。

（12）检查电动机的引出线是否绝缘良好、连接可靠。

(二) 控制设备的日常维护保养

（1）电气柜的门、盖、锁及门框周边的耐油密封垫均应良好。门、盖应关闭严密，柜内应保持清洁，不得有水滴、油污和金属屑等进入电气柜内，以免损坏电器造成事故。

（2）操纵台上的所有操纵按钮、主令开关的手柄、信号灯及仪表护罩都应保持清洁完好。

（3）检查接触器、继电器等电器的触头系统吸合是否良好，有无噪声、卡住或迟滞现象，触头接触面有无烧蚀、毛刺或穴坑；电磁线圈是否过热；各种弹簧弹力是否适当；灭弧装置是否完好无损等。

（4）试验位置开关能否起位置保护作用。

（5）检查各电器的操作机构是否灵活可靠，有关整定值是否符合要求。

（6）检查各线路接头与端子板的连接是否牢靠，各部件之间的连接导线、电缆或保护导线的软管，不得被冷却液、油污等腐蚀，管接头处不得产生脱落或散头等现象。

（7）检查电气柜及导线通道的散热情况是否良好。

（8）检查各类指示信号装置和照明装置是否完好。

（9）检查电气设备和工业机械上所有裸露导体件是否接到保护接地专用端子，是否达到了保护电路连续性的要求。

(三) 电气设备的维护保养周期

对设置在电气柜内的电器元件，一般不经常进行开门监护，主要是靠定期的维护保养来实现电气设备较长时间的安全稳定运行。其维护保养的周期，应根据电气设备的结构、使用情况以及环境条件等来确定。一般可采用配合工业机械的一、二级保养同时进行其电气设备的维护保养工作。

1. 配合工业机械一级保养进行电气设备的维护保养工作

如金属切削机床的一级保养，一般在一季度左右进行一次。机床作业时间常在6~12h，这时可对机床电气柜内的电器元件进行如下维护保养：

（1）清扫电气柜内的积灰异物。

（2）修复或更换即将损坏的电器元件。

（3）整理内部接线，使之整齐美观。特别是在平时应急修理处，应尽量复原成正规状态。

（4）紧固熔断器的可动部分，使之接触良好。

（5）紧固接线端子和电器元件上的压线螺钉，使所有压接线头牢固可靠，以减小接触电阻。

（6）对电动机进行小修和中修检查。

（7）通电试车，使电器元件的动作程序正确可靠。

2. 配合工业机械二级保养进行电气设备的维护保养工作

如金属切削机床的二级保养一般在一年左右进行一次，机床作业时间常在3~6天，此时可对机床电气柜内的电器元件进行如下维护保养：

（1）机床一级保养时，对机床电器所进行的各项维护保养工作，在二级保养时仍需照例进行。

（2）着重检查动作频繁且电流较大的接触器、继电器触头。为了承受频繁切合电路所受的机械冲击和电流的烧损，多数接触器和继电器的触头均采用银或银合金制成，其表面会自然形成一层氧化银或硫化银，它并不影响导电性能，这是因为在电弧的作用下它还能还原成银，因此不要随意清除掉。即使这类触头表面出现烧毛或凹凸不平的现象，仍不会影响触头的良好接触，不必修整锉平（但铜质触头表面烧毛后则应及时修平）。但触头严重磨损至原厚度的1/2及以下时应更换新触头。

（3）检修有明显噪声的接触器和继电器，找出原因并修复后方可继续使用，否则应更换新件。

（4）校验热继电器，看其是否能正常动作。校验结果应符合热继电器的动作特性。

（5）校验时间继电器，看其延时时间是否符合要求。如误差超过允许值，应调整或修理，使之重新达到要求。

五、任务实施

实施步骤如图 7-4-1 所示。

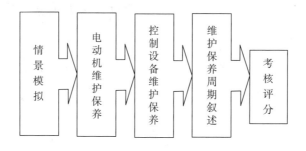

图 7-4-1　实施步骤

表 7-4-4　工作任务过程训练评价表

序号	项目内容	配分	评分标准	扣分	得分
1	电动机日常维护保养叙述	30	表达不清楚，扣 10 分 不能正确分辨原因，扣 20 分		
2	电气设备日常维护保养叙述	30	表达不清楚，扣 10 分 不能正确分辨原因，扣 20 分		
3	电气设备维护周期叙述	40	表达不清楚，扣 10 分 不能正确分辨原因，扣 20 分		
4	安全文明生产		违反安全文明操作规程酌情扣分		

 知识检测

（1）电气设备日常维护保养包括什么？

（2）异步电动机的日常检查有哪些内容？

（3）控制设备的日常维护有哪些内容？

（4）绕线式异步电动机电刷与滑环保养的要点是什么？

（5）电气设备的维护保养周期是如何配合工业机械保养的？

陶瓷技术应用系列实训指导
TAOCI JISHU YINGYONGXILIE SHIXUNZHIDAO

陶瓷企业
供用电技术
实训指导

陈　军◎主编
刘金德◎副主编

经济管理出版社
ECONOMY & MANAGEMENT PUBLISHING HOUSE

图书在版编目（CIP）数据

陶瓷企业供用电技术/陈军主编. —北京：经济管理出版社，2017.11
ISBN 978-7-5096-4895-7

Ⅰ.①陶…　Ⅱ.①陈…　Ⅲ.①陶瓷工业—工业企业—供电管理　②陶瓷工业—工业企业—用电管理　Ⅳ.①TM72　②TM92

中国版本图书馆 CIP 数据核字（2016）第 324819 号

组稿编辑：魏晨红
责任编辑：魏晨红
责任印制：黄章平
责任校对：王淑卿

出版发行：经济管理出版社
　　　　　（北京市海淀区北蜂窝 8 号中雅大厦 A 座 11 层　100038）
网　　　址：www. E-mp. com. cn
电　　　话：（010）51915602
印　　　刷：北京市海淀区唐家岭福利印刷厂
经　　　销：新华书店
开　　　本：787mm×1092mm /16
印　　　张：20.5
字　　　数：346 千字
版　　　次：2017 年 11 月第 1 版　　 2017 年 11 月第 1 次印刷
书　　　号：ISBN 978-7-5096-4895-7
定　　　价：58.00 元（全两册）

编 委 会

为服务梧州市陶瓷产业的发展，藤县中等专业学校结合现有教学电气电工技术类实训设备以及开展校企合作的陶瓷企业的生产设备供用电应用编写本教材。

《陶瓷企业供用电技术》及配套的实训指导手册共有七个单元，包括陶瓷企业电路基础知识、陶瓷企业安全用电、陶瓷企业照明电路、陶瓷企业常用低压电器及设备、陶瓷企业三相异步电动机及其运行、陶瓷企业供配电系统及其运行、陶瓷企业电工作业人员的安全保证措施。

本书知识机构由浅入深，图文并茂，注重理论与实践相结合，不仅可用于中等职业院校教学、陶瓷企业员工等爱好者学习使用，也可作为社会技术技能的培训教材。

由于编者水平所限，本书难免存在疏漏与不足之处，敬请广大读者批评指正。

编　者

2017. 10

项目一

电路连接与测量

任务一 万用表的使用

一、工具、仪表及器材

普通指针万用表一块、普通数字式万用表一块。

二、实训过程

万用表是电气维护人员手中必备的一种工具，它是一种多功能、多量程的测量仪表。一般万用表可以测量电阻、直流电压、交流电压、直流电流、电阻、二极管的好坏和音频电平等电气参数。万用表最常用的功能是用来检测电路和元器件的好坏、测量电阻和电压的。常用的万用表分为指针式和数字式万用表，如图 1-1 所示。

1. 指针式万用表的结构

MF47 型万用表是一款典型的万用表，也是目前使用率最高的万用表，主要由表盘、表头指针、机械调零旋钮、零欧姆调整旋钮、表笔插孔、功能及量程转换开关组成。如图 1-2 所示。

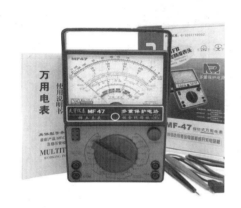 

（a）指针式万用表　　　　　　　　　　（b）数字式万用表

图1-1　常用万用表

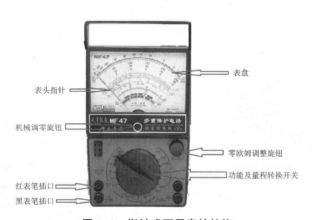

图1-2　指针式万用表的结构

（1）机械调零旋钮。不进行任何测量时，若万用表的指针不在初始零位，则需要用该旋钮调整指针位置，直至指针调到零位。万用表在使用之前，首先要观察指针是否在零位，若不在，需用该旋钮调节指针回到初始位置方可进行下一步操作。

（2）功能及量程转换开关。功能及转换开关分四个主要区域，分别是电阻测量功能区、交流电压测量功能区、直流电压测量功能区以及直流电流测量功能区。四个功能区都有对应的量程进行选择，我们在使用万用表时需要根据物理量的性质和大小合理地选择功能区及量程，转换开关各功能区如图1-3所示。

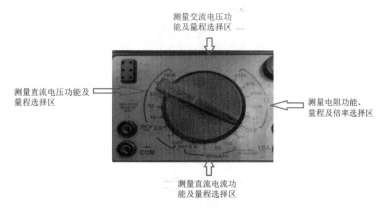

图1-3 万用表转换开关功能

（3）表盘主要功能。表盘的功能是用来指示最终测量值，当指针最终指到表盘的某一个位置的时候，即可根据表盘刻度值再加上量程换算即可得出万用表测量物理量的最终数值。MF47型万用表的表盘及主要测量读数区如图1-4所示，在各功能区上都有相应的电气符号来指示该功能区的作用。

图1-4 万用表表盘

表盘上有多条刻度线，但具体选择哪条刻度线应根据功能、量程转换开关的选择以及量程的选择而定，但万用表的刻度线下通常会用电气符号标示出该刻度线的功能，如图1-4所示，刻度线上标示"Ω"表示测量电阻时读该刻度线的数值。刻度线上标示"DCV"表示该刻度线是直流电压测量值读数刻度线；刻度线上标示"ACV"表示该刻度线是交流电压测量值读数刻度线；刻度线上标示"DCmA"表示该刻度线是直流mA量程的刻度线。

（4）指针。当测量某一物理量时，指针会在表盘上偏摆，最终稳定地指示到某一数值上，测量者可根据被测物理量选择读数刻度线，然后根据量程读出指针最终指向刻度线上的数值。

（5）零欧姆调整旋钮。该旋钮仅在测量电阻值时使用。当用到万用表进行电阻的测量时，需要首先选择电阻的某一挡位和倍率，然后将红色和黑色表笔短接进行测试，在正常情况下，指针将会指向电阻档刻度线的"0"数值，若短接表笔后，指针没有指向该数值，则需要调节该旋钮，直至指针指向刻度线上的"0"数值后才可进行电阻值的测量。我们称该步骤为万用表欧姆挡调零。

2. 万用表的主要功能及使用注意事项

（1）使用万用表的注意事项。

1）在使用万用表前，应先进行"机械调零"，即在没有被测电量时，使万用表指针指在零电压或零电流的位置上。

2）在使用万用表过程中，不能用手去接触表笔的金属部分，这样既可以保证测量的准确又可以保证人身安全。

3）在测量某一电量时，不能在测量的同时换挡，在测量高电压或大电流时更应注意。否则，会使万用表毁坏。如需换挡，应先断开表笔，换挡后再去测量。

4）在使用万用表时，必须水平放置，以免造成误差。同时，还要避免外界磁场对万用表的影响。

5）万用表使用完毕，应将转换开关置于交流电压的最大挡。如果长期不使用，还应将内部的电池取出来，以免电池腐蚀表内其他器件。

（2）使用万用表测电阻的方法及注意事项。

1）注意事项。① 选择合适的倍率。使用欧姆表测量电阻时，应选适当的倍率，使指针指示在中值附近。最好不使用刻度左边1/3的部分，这部分刻度密集准确度很差。② 使用前要进行机械调零和欧姆调零。③ 不能带电测量。④ 被测电阻不能有并联支。⑤ 测量晶体管、电解电容等有极性元件的等效电阻时，必须注意两支笔的极性。⑥ 万用表的红表笔接表内电池的负极，黑表笔接表内电池的正极。

2）测量方法。① 未知电阻的阻值应将量程开关置在最小量程测量，观看表笔摆动幅度，再调整量程开关从小挡到大挡，使表针指向表盘中心范围，量程才合适。② 已知电阻值的大小，可将量程开关置在合适的量程上测量。③ 测量电阻时，两手不能同时碰到电阻的两根引线，以免引起测量误差。④ 看表针指示，正确读出阻值。⑤ 测量电阻时如指针指向"零"位或接近"零"，说明档位选择过大。⑥ 测量电阻时如指针指向"无穷大"位或接近"无穷大"，说明档位选择过小。

（3）使用万用表测直流电压的步骤及注意事项。

1）测量步骤。① 将量程开关置在直流电压合适的档位上。② 将红表笔接触直流电压的高电位（正端），黑表笔接直流电压的低电位（负端），表笔接触应与负载并联。③ 看表针指示的格数，读出测量电压值，MF47 型万用表读数为第二条刻度，从左至右。

2）测量方法。未知被测电压的大小和极性时应将万用表置在直流电压最大的量程档位上，将黑表笔接触被测电压的一端，用红表笔快速地碰触被测电压的另一端，观看表针方向，向左错误，应调换表笔再测。向右正确，表示表笔连接极性正确，再观察表针摆动幅度，调整量程从大到小，直到表针指向中心范围，量程才算合适。

若知道被测电压范围和极性，则直接选择合适直流电压量程，将红表笔接到正极，黑表笔接到负极即可。

（4）使用万用表测交流电压的步骤及注意事项。测量步骤和方法与测量直流电压基本相同，不同的是测量交流电压不分极性，表笔可自由地接入被测电压的两端。

需要注意当选择交流 10V 量程时，读数应选择第三条刻度线进行读数。

（5）万用表测直流电流使用及注意事项。测量前应预估被测电流的大小，选择合适的量程，若不知道被测电流的大小，应首先选择最大量程。其余测量步骤和方法与测量直流电压相同，不同的是万用表的表笔应串联接入被测电路中，如图 1-5 所示。

图 1-5　万用表测量
直流电流

三、实验实训过程

识别万用表的外形结构、各测量区域的功能及作用，能根据各测量物理量及量程选择对应表盘上的刻度线进行读数，能够正确地根据指针指向的读数读出实际的测量数值，并填写表 1-1。

表 1-1　万用表使用实验记录表

实验项目	测量区域选择	量程选择	对应第几条刻度线	对应刻度处
交流电压 220V				
交流电压 110V				
交流电压 660V				
交流电压 5.6V				

续表

实验项目	测量区域选择	量程选择	对应第几条刻度线	对应刻度处
直流电压 36V				
直流电压 24V				
直流电压 128V				
直流电压 3.6V				
电阻 5.2kΩ				
电阻 510Ω				
电阻 52Ω				
1.4mA				
0.1 mA				
26 mA				
280 mA				

任务二 基本电量的测量

一、工具、仪表及器材

（1）工具：万用表。

（2）实验实训设备：亚龙 YL-210 型电气装配实训台。

（3）器材：螺丝刀、连接导线若干、电阻三只、5 号干电池一个。

二、实训过程

1. 测量未知电阻

实验要求：

根据任务一中所学的知识用万用表测量三只未知电阻，并填写表格 1-2。

表 1-2　电阻测量记录表

实验项目	量程选择	选择第几条刻度线	测量步骤	测量电阻值
电阻 1 测量				
电阻 2 测量				
电阻 3 测量				

2. 测量交流电压

实验要求:

根据任务一所学的知识用万用表测量亚龙 YL-210 型电气装配实训台上对应点的交流电压值,试验台测量区域如图 1-6 所示,测量点如表 1-3 所示,并将测量过程及测量值填入表 1-3。

图 1-6　YL-210 型电气装配实训台交流电压测量实验区域

表 1-3　交流电压测量记录表

实验项目	量程选择	选择第几条刻度线	测量步骤	测量电压值
U 点和 V 点电压测量				
U 点和 W 点电压测量				

续表

实验项目	量程选择	选择第几条刻度线	测量步骤	测量电压值
V 点和 W 点电压测量				
L 点和 N 点电压测量				

3. 测量直流电压

实验要求及步骤：

根据任务一所学的知识，用万用表测量亚龙 YL-210 型电气装配实训台上如图 1-6所示的直流电压测量点的电压值，每测量完一次便扭动试验台上的电压调节旋钮后再进行下一次测量，共测量 4 次，并填写表 1-4。

表 1-4　交流电压测量记录表

实验项目	量程选择	选择第几条刻度线	测量步骤	测量电压值
第一次测量				
第二次测量				
第三次测量				
第四次测量				

4. 测量直流电流

实验要求及步骤：

按照图 1-5 连接好电路，电路中的电源选用干电池，电阻选用事先准备好的三只电阻中的任意一支。根据任务二中所学的知识用万用表测量电路中的电流，每测量完一次便更换一次电路中的电阻，并填写表 1-5。

表 1-5 直流电流测量记录表

实验项目	量程选择	选择第几条刻度线	测量步骤	测量电流值
第一次测量				
第二次测量				
第三次测量				

任务三 直流电路的连接与检测

一、工具、仪表及器材

（1）工具：常用电工工具。

（2）仪表：万用表。

（3）器材：1.5V 电池 1 节、9V 电池 1 节、导线若干。

二、实训过程及步骤

（1）按图 1-7 接线。

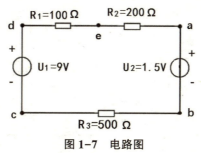

图 1-7 电路图

（2）用万用表直流电压挡分别测量 ab、bc、cd、de、ea 各段的电压。

测量时应合理选择量程，将电压表并联接在被测元件的两端，还应考虑哪一点电位较高，高的一端接电压表正极——红表棒，防止电表反偏而打坏指针。注意读数的正负。双下标法标出的是电压的参考方向，电表读出的是电压的实际方向。双下标前面一个字母是表示该点为高电位，如测量时，该点接在电表的正极——红表棒上，电表读数为正，说明实际方向与参考方向一致。电表读数为负时，说明实际方向与参考方相反。

测量步骤：

1）以 a 点为参考点，测出图 1-7ab、bc、cd、de、ea 各段电压；测出各点的电位（某一点的电位等于这一点到参考点之间的电压）b、c、d、e 各点的电位填入表 1-6（步骤 1 栏）。注意电位的正负。黑表棒放在参考点（零电位点），红表棒放在要测电位的这点，电压表正偏转即该点电位为正，反之为负。

2）将参考点改为 b 点后，测各段电路的电压和各点的电位填入表 1-6（步骤 2 栏）。

3）用测量各点电位或各段电压来寻查"开路"故障。① 仍以 a 点为参考点，把 e 点断开，测出各段电路电压，测 b、c、d、e 电位，填入表 1-6（步骤 3 栏）。② 将断开的连接线接好，继续实验。③ 总结出查寻"开路"故障的规律。

4）用测量各点电位或各段电压来寻查"短路"故障。① 将一根导线的两个端点接在 R_2 的两端，即把 R_2 短路。② 仍以 a 点为参考点，测出各段电压及 b、c、d、e 各点电位，填入表 1-6（步骤 4 栏）中。③ 将 R_2 短路线拿掉，继续实验。

表 1-6　测量记录表

序 号	Uab	Ubc	Ucd	Ude	Uea	Va	Vb	Vc	Vd	Ve
步骤 1 Va＝0						0				
步骤 2 Vb＝0							0			
步骤 3 Va＝0 （开路）						0				e＝ e`
步骤 4 Va＝0 （短路）						0				

三、问题思考

（1）步骤1以a点为参考点，步骤2将参考点改为b点后，各点电位如何变化？各段电压如何变化？能否总结出一个规律？

（2）"开路"时，开路电阻上的电压为多少？开路电阻两端的电位如何变化？其他元件上是否都有电压？

（3）"短路"时，短路电阻上的电压为多少？短路电阻两端的电位如何变化？其他元件上是否都有电压？

任务四　常用照明电路的连接

一、工具、仪表及器材

（1）工具：常用电工工具。

（2）仪表：万用表。

（3）器材及设备：亚龙 YL-WX-I 型维修电工实训考核装置 SW012 挂板、导线若干。

二、实训过程及步骤

实验1　白炽灯电路的安装与接线

实验要求：在亚龙 YL-WX-I 型维修电工实训考核装置 SW012 挂板（见图 1-8），按照图 1-9 所示的电路原理图完成两地控制照明电路的安装和接线。

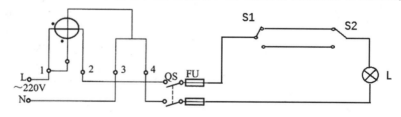

图 1-9　两地控制照明电路原理

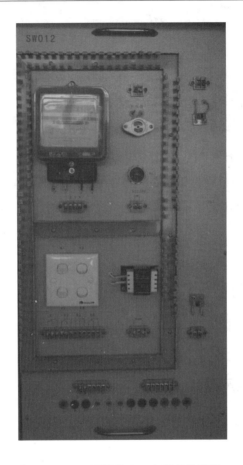

图 1-8　亚龙 YL-WX-I 型维修电工实训考核装置 SW012 挂板

实验 2　日光灯电路的安装与接线

实验要求：在亚龙 YL-WX-I 型维修电工实训考核装置 SW012 挂板，如图 1-8
所示，按照图 1-10 所示的电路原理图完成两地控制日光灯电路的安装和接线。

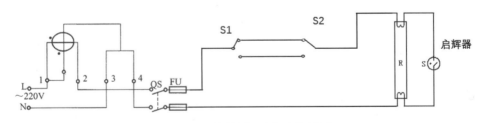

图 1-10　两地控制日光灯电路原理

任务五　三相负载的连接及测量

一、工具、仪表及器材

（1）工具：常用电工工具。

（2）仪表：兆欧表、万用表。

（3）器材：交流电压表、交流电流表、三相照明灯组板。

二、实训过程及步骤

1. 三相星形连接

（1）将三相照明灯组板按图 1-11 所示的实验线路接线，并接到三相电源上。

（2）有中线时（开关 K1 闭合），在负载对称（开关 K2 打开）及不对称（开关 K2 闭合）的情况下测量各线电压 UL、线电流 IL、相电压 UP、相电流 IP 的数值，并填入表 1-7 中。

（3）断开中线后（开关 K1 打开），测量负载对称（开关 K2 打开）及不对称时（开关 K2 闭合）各线电压 UL、线电流 IL、相电压 UP、相电流 IP 的数值，填入表 1-7 中。

（4）观察负载不对称时（开关 K2 闭合），无中线时（开关 K1 打开），各相灯泡的亮暗现象，用交流电压表测量电源中点与负载中点之间的电压并填入表 1-7 中。

表 1-7　负载 Y 形连接的电压、电流

测量值 项目		线电压 U1（V）			相电压 UP（V）			相（线）电流（mA）			中线 电流	中线 电压
		UUV	UVW	UWU	UU	UV	UW	IU	IV	IW	IN	UNN′
负载 对称	有中线											
	无中线											
负载 不对称	有中线											
	无中线											

观察灯泡亮度变化情况：

2. 三相三角形连接

（1）将三相照明灯组板按图 1-12 所示的实验线路接线，并接入三相交流电源。

（2）测量三相负载对称时各线电压 UL、相电压 UP、线电流 IL、相电流 IP 把数据并填入表 1-8 中。

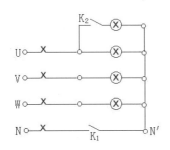 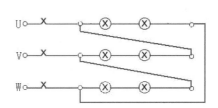

图 1-11　三相负载星形连接的实际线路　　　图 1-12　三相负载三角形连接的实验线路

表 1-8　负载 Δ 连接的电压、电流值

测量值 项目	相（线）电压（V）			线电流（mA）			相电流（mA）		
	UUV	UVW	UWU	IU	IV	IW	IUV	IVW	IWU
负载对称									

三、实验分析及思考

（1）对实验数据进行分析，在负载作三相四线制星形连接时（负载对称与不对称）线电压与相电压的关系是否满足 $U_L = \sqrt{3}\, U_p$，当负载作三角形连接时，线电流与相电流之间的关系是否满足 $I_L = \sqrt{3}\, I_p$。

（2）根据星形连接实验结果与观察到的现象说明中线的作用。

（3）画出三相对称负载在作星形与三角形连接时的相量图。

项目二

安全用电

任务　触电急救

一、工具、仪表及器材

心肺复苏护理人模型、无菌生理盐水、纱布。

二、目的要求

（1）徒手心肺复苏的操作方法。

（2）心跳、呼吸骤停的诊断标准。

（3）口对口人工呼吸有效；心脏按压部位、频率、深度准确，心脏按压与人工呼吸比例正确。

三、实验内容

（1）呼吸骤停的诊断标准。

（2）复苏的步骤与方法。

（3）心肺复苏的效果。

四、实验程序

（1）准备工作。

操作者的准备：仪表、洗手、戴口罩。

环境的准备：安静、光线充足、安全。

（2）将假人转移到安全的环境。

（3）站于假人右侧并进行意识判断。

（4）无意识马上呼叫120急救电话。

（5）假人体位：平卧位，背部垫木板，暴露胸部。

（6）开放气道，保持气道通畅。使用"一看、二听、三感觉"判断是否有呼吸，判断时间大于5s，小于10s。

（7）人工呼吸。

吹气：一手托下颌，另一手食指和中指捏病人的鼻孔，深呼吸后紧贴病人口部用力吹气至胸廓抬起。

吹气、排气要有节奏。吹气时间持续1s，然后松开鼻翼。吹两口气。

（8）触摸颈动脉，若无搏动，进行心脏按压。

1）按压部位：胸骨中下1/3交界处。

2）按压方法：一手的掌根部按在病人胸骨中下部1/3交界处，另一手压在该手的手背部，肘关节伸直，手指翘起，不接触胸壁，利用体重和肩臂部力量垂直向下用力挤压，使胸骨下陷3~5cm，再原位放松，掌根不离开胸壁。

3）按压频率：80次/分。

（9）人工呼吸与胸外心脏按压（2∶15）操作5个循环为一组。

（10）观察操作后的有效指证（意识、肢体运动、呼吸、循环、面色、甲床、瞳孔等）。

（11）整理假人和清理用物。

（12）记录。

（13）评价。

【实验时间】 年 月 日 节次：

操作现场、结果分析：

指导老师评语：

评分：

指导老师签名：

年 月 日

项目三

陶瓷企业照明电路连接

任务　设备照明电路连接

一、工具、仪表及器材

（1）工具：常用电工工具。

（2）仪表：万用表。

（3）器材：单联开关、双联开关、白炽灯（节能灯）、镇流器（电感式或者电子式）、启辉器、日光灯、碘钨灯、插座及相关配套灯架。以上器件可根据实际情况在规定系列内选具体型号。

二、实训过程

1. 常用控制线路

（1）常用控制线路是照明灯具的常用接线形式，适用于多种灯具的控制，如表3-1所示。

（2）日光灯（镇流器式）接线图，如图3-1所示。

表 3-1　照明灯具常用控制线路

电路名称及用途	接线图	说明
一只单联开关控制一盏灯	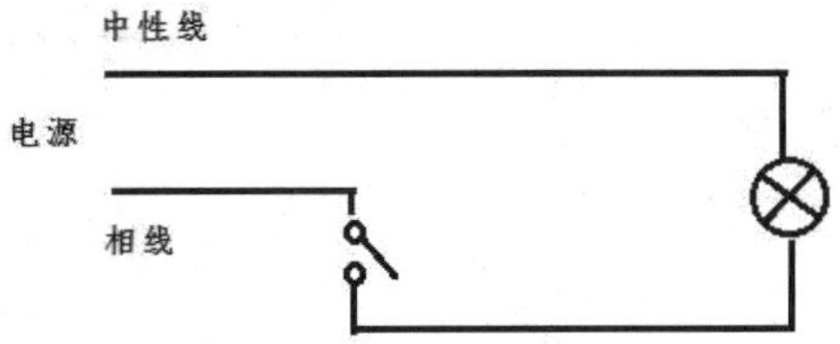 中性线 电源 相线	开关应安装在相线上，修理安全
一只单联开关控制一盏灯并与插座连接	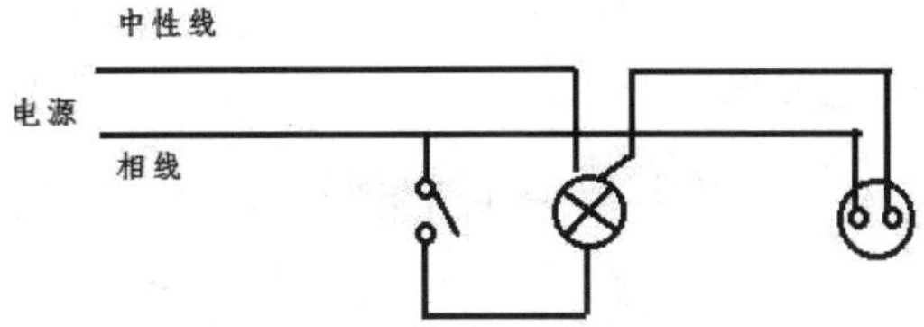 中性线 电源 相线	电路中无接头，较安全，但用线多
一只单联开关控制两盏灯（或多盏灯）	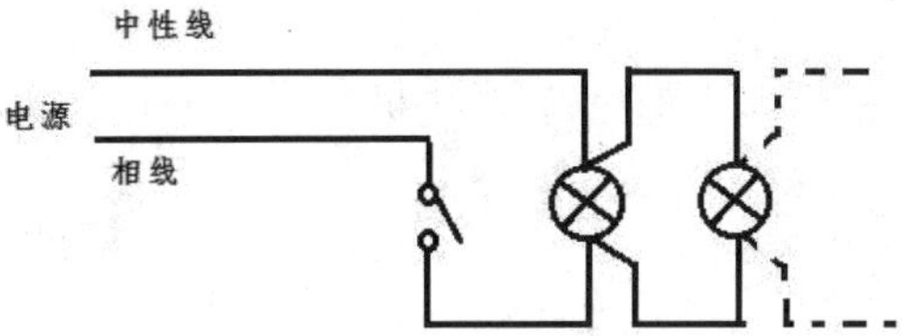 中性线 电源 相线	一只单联开关控制多盏灯时，可如左图中所示虚线接线，但应注意开关的容量是否允许
两只单联开关控制两盏灯	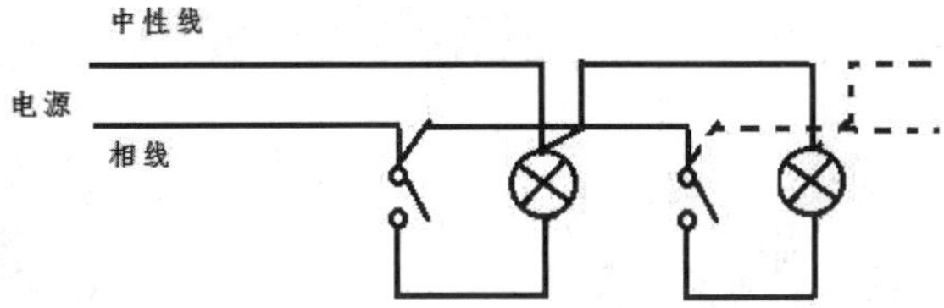 中性线 电源 相线	多只开关控制多盏灯时，可如左图所示接线
用两只双联开关在两地控制一盏灯	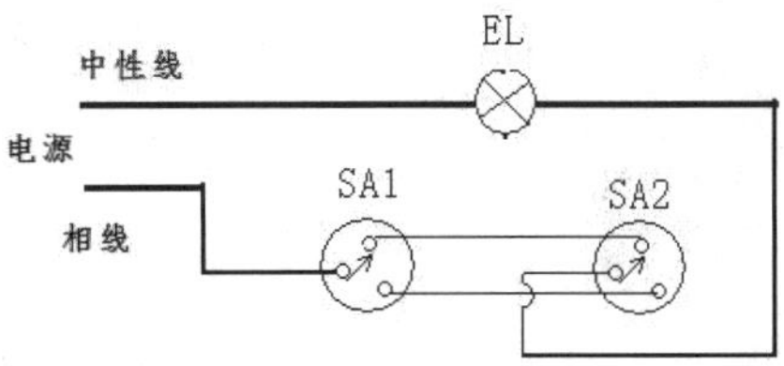 中性线　EL 电源 相线　SA1　SA2	用于两地需同时控制的场合，如楼梯走廊中的电灯
两只110V 相同功率灯具串联	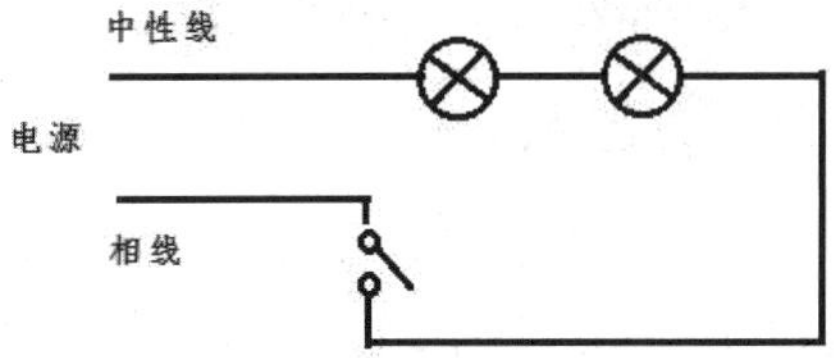 中性线 电源 相线	注意两灯功率必须一样，否则小功率灯泡会烧坏

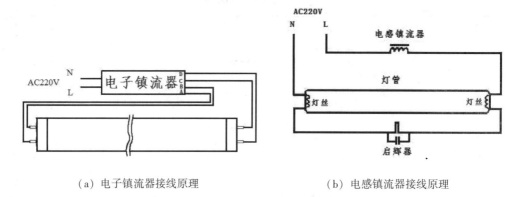

（a）电子镇流器接线原理 （b）电感镇流器接线原理

图 3-1 日光灯接线图

2. 安装和调试照明线路

（1）灯座的安装。

1）平灯座的安装。平灯座上有两个接线桩，一个与电源的中性线（地线）连接，另一个与来自开关的一根线（开关线）连接。

插口平灯座上两个接线桩，可任意连接上述两个线头，而螺口平灯座上两个接线桩，为了使用安全，必须把电源中性线线头连接在连通螺纹圈的接线桩上，把来自开关的线头，连接在连通中心簧片的接线桩上，如图 3-2 所示。

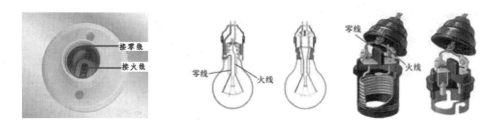

图 3-2 灯座的安装

2）吊灯座的安装。吊灯座必须用两根绞合的塑料软线或花线作为与挂线盒（俗称先令）的连接线。两端均应将线头绝缘层削去。将上端塑料软线穿入挂线盒盖孔内打个结，使其能承受吊灯的重量，然后把软线上端两个线头分别穿入挂线盒底座正中凸起部分的两个侧孔里，再分别接到两个接线桩上，罩上接线盒盖。接着将下端塑料软线穿入吊灯座盖孔内也打一个结，把两个线头接到吊灯座上的两个接线桩上，罩上吊灯座盖即可。如图 3-3 所示。

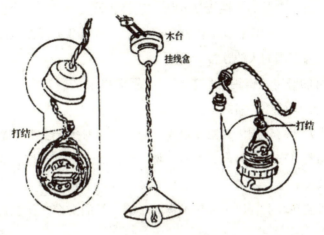

图 3-3 吊灯座的安装

（2）开关的安装。照明开关必须控制火线。安装遵从从"向上搬动接通电源，向下搬动切断电源"的规范。各种开关离地面的高度要在 1.3m 以上，距门口 150～200mm，不得置于单扇门之后。拉线开关离地面的高度应大于 2m，拉线出口应竖直向下。

（3）插座的安装。两孔插座在水平排列安装时，应零线接左孔，相线接右孔，即左零右火；垂直排列安装时，应零线接上孔，相线接下孔，即上零下火。三孔插座安装时，下方两孔接电源线，零线接左孔，相线接右孔，上面大孔接保护接地线，如图 3-4 所示。

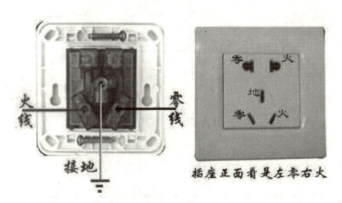

图 3-4 单相三极插座的安装

（4）日光灯的安装。日光灯的安装如图 3-5 所示。

启辉器座上的两个连接线桩分别与两个灯座中的一个接线桩连接。一个灯座中余下的一个接线桩与电源的中性线（地线）连接，另一个灯座中余下的一个接线桩与镇流器的另一个线头相连，而镇流器的另一个线头与开关一个接线桩连接，而开关另一个接线桩与电源的火线连接。

（5）碘钨灯的安装。碘钨灯安装时，必须保持水平位置，水平线偏角应小于4°，否则会破坏碘钨循环，缩短灯管寿命。

碘钨灯发光时，灯管周围的温度很高，因此灯管必须装在专用的有隔热装置的金属灯架上，切不可安装在易燃的木质灯架上，同时，不可在灯管周围放置易燃物品，以免发生火灾。

碘钨灯不可装在墙上，以免散热不畅而影响灯管的寿命。碘钨灯装在室外，应有防雨措施。

功率在1000W以上的碘钨灯，不应安装一般电灯开关，而应安装胶盖瓷底刀开关。

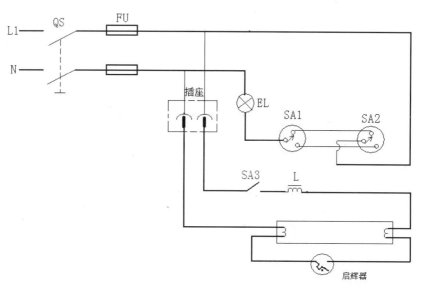

图 3-5　日光灯的安装

3. 实训考核线路

考核要求：

（1）按图纸的要求进行正确、熟练的安装；元件在配线板上布置要合理，安装要正确、紧固，布线要求横平竖直，应尽量避免交叉跨越，接线紧固、美观。正确使用工具和仪表。

（2）按钮盒固定在板上。

（3）安全文明操作。

序号	主要内容	考核要求	评分标准	配分	扣分	得分
1	元件安装	（1）按图纸的要求，正确使用工具和仪表，熟练安装电气元器件 （2）元件在配电板上布置要合理，安装要准确、紧固 （3）按钮盒不固定在板上	（1）元件布置不整齐、不匀称、不合理，每个扣5分 （2）元件安装不牢固、安装元件时漏装螺钉，每个扣2分 （3）损坏元件，每个扣5分	20		
2	布线	（1）布线要求横平竖直，接线紧固美观 （2）电源和配线、按钮接线要注明引出端子标号 （3）导线不能乱线敷设	（1）电路正常，但未按电路图接线，扣10分 （2）布线不横平竖直，每根扣2分 （3）接点松动、接头露铜过长、反圈、压绝缘层，标记线号不清楚、遗漏或误标，每处扣2分 （4）损伤导线绝缘或线芯，每根扣2分 （5）导线乱线敷设扣10分	30		
3	通电试验	在保证人身和设备安全的前提下，通电试验一次成功	一次试车不成功扣10分；二次试车不成功扣30分；三次试车不成功扣50分	50		
备注			合计			
			教师 签字		年　月　日	

项目四

陶瓷企业常用低压元器件

任务一　主令电器的认识与检测

一、工具、仪表及器材

（1）工具：常用电工工具。

（2）仪表：兆欧表、万用表。

（3）器材：LA4 系列按钮盒、LA38 系列按钮开关、LA38 系列保持式旋钮开关、LA38 自锁紧急开关、LX19 系列行程开关、LW6D 系列万能转换开关各一只。以上器件可根据实际情况在规定系列内选具体型号。

二、实训过程

1. 识别主令电器

（1）准备图 4-1 中的主令电器，并仔细观察各种类型的主令电器，熟悉它们的外形、型号、主要技术参数、功能、结构及工作原理等。

（2）如图 4-2 所示，教师将元器件的铭牌用胶布盖起来，随机抽元器件给学生，学生写出元器件的名称、型号、图形符号及文字符号，填入表 4-1 中。

图 4-1　常用主令电器

图 4-2　遮盖铭牌后的主令电器

表 4-1　主令电器的识别

序号	名称	型号	图形符号	文字符号
1				
2				
3				
4				
5				
6				
7				
8				

2. 对比按钮和行程开关

分别打开一个 LA4 系列按钮盒和一个 LX19-001 行程开关的盖子，如图 4-3 所示。

图 4-3　打开按钮盒和行程开关的盖子

（1）LA4 系列按钮盒。LA4-3H 是一个三位的按钮盒，通过观察其中一位的动作来了解按钮的工作原理。如图 4-4 所示，我们给一位按钮的四个静触头标上号码，图 4-4（a）是没按下按钮时的状态，图 4-4（b）是按下按钮时的状态。

（a）没按下按钮时的状态

（b）按下按钮时的状态

图 4-4　LA4 系列按钮

在反复按按钮的过程中可以发现：

按钮被按下前，1 号和 4 号静触头处于接通状态，2 号和 3 号静触头处于分断状态。

缓慢按下按钮时，动触头先断开 1 号和 4 号静触头的连接，并且慢慢向 2 号和 3

号静触头移动，这时，1 号和 4 号静触头处于分断状态，2 号和 3 号静触也处于分断状态，继续往下按，动触头接通 2 号和 3 号静触头，这时，2 号和 3 号静触头处于接通状态，1 号和 4 号静触头处于分断状态。

放开按钮后，1 号和 4 号静触头处于接通状态，2 号和 3 号静触头处于分断状态。

从以上动作情况得知：2 号和 3 号是常开触头，1 号和 4 号是常闭触头。

（2）行程开关。打开一个行程开关的盖子，按原有的标号，四个静触头的标号如图 4-5 所示。

请用万用表检测各种状态下触头之间的电阻值，并记录在表 4-2 中。

图 4-5　行程开头

表 4-2　检测行程开关

状态	电阻值		备注
按下前	$R_{1\sim2} =$	$R_{1\sim3} =$	
	$R_{1\sim4} =$	$R_{2\sim3} =$	
	$R_{2\sim4} =$	$R_{3\sim4} =$	
按到底时	$R_{1\sim2} =$	$R_{1\sim3} =$	
	$R_{1\sim4} =$	$R_{2\sim3} =$	
	$R_{2\sim4} =$	$R_{3\sim4} =$	
放开后	$R_{1\sim2} =$	$R_{1\sim3} =$	
	$R_{1\sim4} =$	$R_{2\sim3} =$	
	$R_{2\sim4} =$	$R_{3\sim4} =$	
检测结果	由上测试结果看出：常开触头的两个触点是____号和____号；常闭触头的两个触点是____号和____号；该触头属于_____型触头。		

3. 检测万能转换开关

图 4-6 是 LW6D-2 系列万能转换开关，由图（a）可看出，手柄可以分别打到 0、1、2 三个挡位；由图（b）可看出，万能转换开关的主体是一个圆柱体，主体上有两层共 12 个接线螺钉，接线螺钉编号按就近原则（如左上角接线螺钉为 1 号，右上角接线螺钉为 2 号）。

（a）万能转换开关面板

（b）万能转换开关主体

图 4-6 LW6D-2 系列万能转换开关

12 个接线螺钉中，哪两个是一组触头？它们在哪个挡位闭合？哪个挡位断开？请用万用表检测各挡位下触头之间的电阻值，并记录在表 4-3 中。

表 4-3 检测万能转换开关

挡位	电阻值			备注
0 挡	$R_{1\sim2}=$	$R_{3\sim4}=$	$R_{5\sim6}=$	
	$R_{7\sim8}=$	$R_{9\sim10}=$	$R_{11\sim12}=$	
	其他接线螺钉之间的电阻，如： $R_{1\sim3}=R_{1\sim5}=R_{1\sim7}=R_{1\sim9}=R_{1\sim11}=$			
1 挡	$R_{1\sim2}=$	$R_{3\sim4}=$	$R_{5\sim6}=$	
	$R_{7\sim8}=$	$R_{9\sim10}=$	$R_{11\sim12}=$	
	其他接线螺钉之间的电阻，如： $R_{1\sim3}=R_{1\sim5}=R_{1\sim7}=R_{1\sim9}=R_{1\sim11}=$			
2 挡	$R_{1\sim2}=$	$R_{3\sim4}=$	$R_{5\sim6}=$	
	$R_{7\sim8}=$	$R_{9\sim10}=$	$R_{11\sim12}=$	
	其他接线螺钉之间的电阻，如： $R_{1\sim3}=R_{1\sim5}=R_{1\sim7}=R_{1\sim9}=R_{1\sim11}=$			
检测结果	0 挡	$R_{1\sim2}=R_{3\sim4}=R_{5\sim6}=$　，为　状态； $R_{7\sim8}=R_{9\sim10}=R_{11\sim12}=$　，为　状态；		从右边数据可知：接线螺钉 1~2 为一对触头； 3~4 为一对触头； 5~6 为一对触头； 7~8 为一对触头； 9~10 为一对触头； 11~12 为一对触头
	1 挡	$R_{1\sim2}=R_{3\sim4}=R_{5\sim6}=$　，为　状态； $R_{7\sim8}=R_{9\sim10}=R_{11\sim12}=$　，为　状态；		
	2 挡	$R_{1\sim2}=R_{3\sim4}=R_{5\sim6}=$　，为　状态； $R_{7\sim8}=R_{9\sim10}=R_{11\sim12}=$　，为　状态；		

任务二　接触器的拆装与认识

一、工具、仪表及器材

（1）工具：常用电工工具。

（2）仪表：万用表。

（3）器材：CJX2-9 接触器。

二、实训过程

CJX2 系列接触器在机械设备上应用非常广泛，外形如图 4-7 所示。

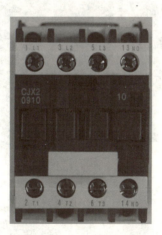

图 4-7　CJX2 系列接触器

拆装接触器有助于了解接触器的结构与工作原理，便于今后更好地去应用接触器和修理接触器。

1. 拆接触器

（1）掀开接触器两边的标签，如图 4-8 所示。

（2）拧下两边的固定螺钉，如图 4-9 所示。

（3）拧固定螺钉时不能完全拧下一颗再拧另一颗，应该拧一颗几圈再拧另一颗几圈，让整个外壳平衡退出来；拧螺钉时要轻轻压住接触器，避免里面的弹簧飞出来。拧下两边的固定螺钉后如图 4-10 所示。整个接触器分为两大半，中间有一根弹簧支撑。

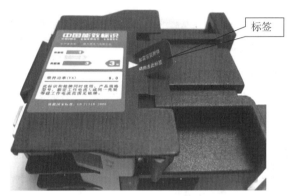

图 4-8　两边的标签

图 4-9　固定螺钉的位置

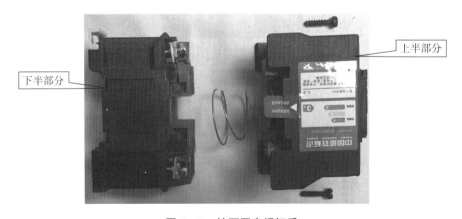

图 4-10　拧下固定螺钉后

（4）把下半部分里面的配件拆出后如图 4-11 所示。

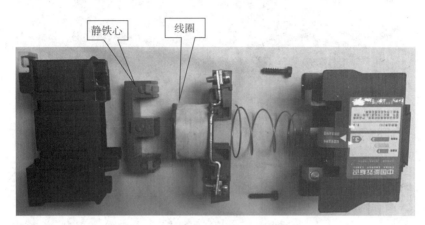

静铁心　　线圈

图 4-11　拆出下半部分的配件

从图 4-11 可看出接触器的工作原理：

当接触器线圈通电时→线圈产生磁场，磁力线经过静铁心→静铁心产生吸力把上半部分的动铁心吸下来→动铁心带动触头闭合。

当接触器线圈断电时→线圈产生磁场消失→静铁心将没有吸力→动铁心在弹簧的作用下复位→同时动铁心带动触头复位。

（5）拆下接线端子标签，如图 4-12 所示。

（6）拆下接线端子静触头，如图 4-13 所示。

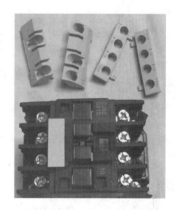

图 4-12　拆下接线端子标签

图 4-13　拆下静触头

（7）把动触头拆出来后，整个接触器的配件如图 4-14 所示。

图 4-14 整个接触器的配件

2. 装配接触器

装配接触器的步骤跟拆卸的步骤相反，在此就不详细介绍了。

3. 修理接触器

一般情况下，接触器常见故障有线圈烧坏、铁心接触面接触不良、触头接触不良。

（1）如果线圈烧坏则更换同型号线圈即可。

（2）接触器铁心如图 4-15 所示，静铁心和动铁心的接触面应该光亮干净，如果生锈则用细砂纸把铁锈锉干净。

图 4-15 静铁心和动铁心

（3）接触器的触头如图 4-16 所示，触头的正面应该光亮干净，如果触头的正面有氧化层，则用细砂纸把铁锈轻轻锉干净。因为触头含银，材质较软，所以请勿用大力锉，以免触点被锉没了。

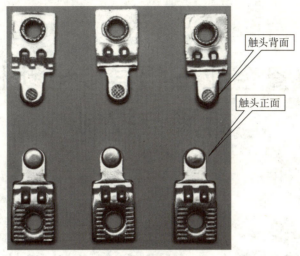

图 4-16　接触器触头

4. 检测

修理接触器后，需要按表 4-4 内容进行测试，并判断被修理后的接触器是否良好，否则，还得继续修理。

表 4-4　检测接触器

元件	型号	测量值（Ω×1 挡）		元件好坏	备注
接触器	CJX2 系列	原始状态	$R_{A1-A2} =$		
			$R_{1-2} =$		
			$R_{3-4} =$		
			$R_{5-6} =$		
			$R_{13-14} =$		
		直接给 A_1、A_2 接通额定电压	铁心震动是否正常		
			$R_{A1-A2} =$		
			$R_{1-2} =$		
			$R_{3-4} =$		
			$R_{5-6} =$		
			$U_{13-14} =$		

项目五

陶瓷企业三相异步电动机拆装与控制

任务一　三相异步电动机拆装

一、工具、仪表及器材

（1）工具：拉马、扳手、铁锤、螺丝刀等工具。

（2）仪表：万用表、兆欧表。

（3）器材：三相异步电动机。

二、实训过程

1. 电动机拆卸前的准备工作

电动机是一种对机械性能和拆装工艺要求较高的电器设备，在对其进行拆卸前应做好如下准备：

（1）了解所拆的电动机的类型及结构特点。

（2）在拆卸前，应该对电动机进行清洁。

（3）应该选择合适的拆卸地点，并对拆卸地面或台面做防护。

（4）准备好拆卸电动机的工具，常用的工具如图 5-1 所示，具体型号视电机而定。

2. 三相异步电动机的拆卸

（1）用螺丝刀拧下固定风扇罩的螺钉，如图5-2所示。

图 5-1　拆卸电动机工具

图 5-2　拧下风扇罩的螺钉

（2）取下风扇罩，如图5-3所示。

（3）用螺丝刀拧下固定风扇的螺钉，并取下风扇，如图5-4所示。

图 5-3　取下风扇罩

图 5-4　取下风扇

（4）用工具拧下固定端盖的螺钉，如图5-5所示。

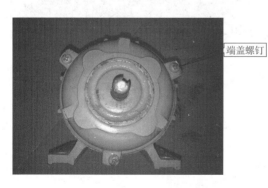

端盖螺钉

图 5-5　拧下固定端盖的螺钉

图 5-6　拆端盖

（5）拆卸端盖前，先将固定螺钉拧下。再将凿子放在前端盖的缝隙中，用铁锤击打凿子，如图5-6所示。

（6）端盖松后，取下端盖，如图5-7所示。

（7）用步骤5的方法松开后个端盖，然后将转子抽出，注意抽出的过程不要碰伤定子，如图5-8所示。

图5-7　取下端盖

图5-8　抽出转子

（8）抽出的转子如图5-9所示。

（9）轴承与后端盖的分离。先拆下后端盖与轴承内的卡圈，然后用木榔头敲打，使其松动，如图5-10所示。

图5-9　转子

图5-10　轴承与后端盖的分离

（10）取出后端盖，如图5-11所示。

（11）用拉马取出轴承，如图5-12所示。

图 5-11 取出后端盖

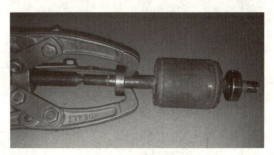

图 5-12 取出轴承

3. 三相异步电动机的装配

经过上面的学习，同学们已经基本上掌握了电动机的拆卸。现在请考虑一下，电动机的安装过程应该是怎样的呢？完全与电动机拆卸过程相反就可以了吗？对于电动机的安装过程，我们不做详细讲解。请各位同学对电动机的安装过程进行自我学习，并将学习的结果写在下面空白处。

_____

_____

_____

_____

任务二　三相异步电动机的启动及故障排除

一、工具、仪表及器材

（1）工具：螺丝刀，剥线钳，断线钳等电工工具。

（2）仪表：验电笔，万用表。

（3）器材：SW010 实训板，三相异步电动机，导线等。

二、实训过程

1. 安装三相异步电动机的启动控制电路

（1）三相异步电动机的启动控制电路原理如图 5-13 所示。

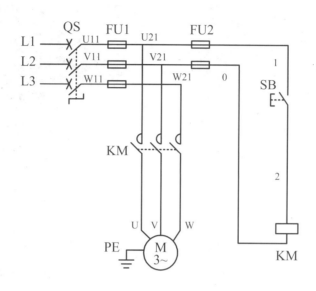

图 5-13　三相异步电动机的启动控制电路

（2）对照图 5-13，在电力拖动实训板 SW010 上找到相应的元器件，并给元器件按原理图命名。

（3）检测所有元器件性能均良好后，即可开始连接线路。如图 5-14 所示。

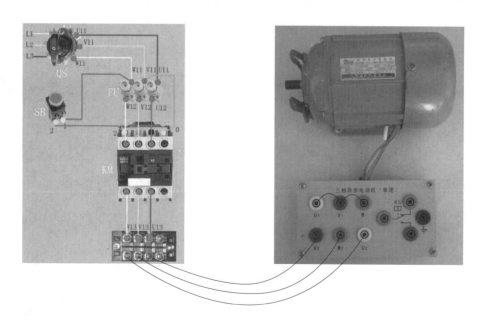

图 5-14　点动控制电路接线示意图

（4）连接线路完成后，学生先自我检查，确定无误后请老师帮忙核实。

（5）得到老师允许后，学生方可在老师的监护下通电试车。

2. 排除三相异步电动机启动控制电路的故障

现实生产中，常见的电气故障有元器件损坏故障、短路故障和开路故障。因为元器件损坏故障比较难设置，也难修理，所以建议少设置元器件损坏故障；短路故障不单危害设备，严重的会危及到操作者的人身安全，所以不允许设置短路故障；开路故障对设备和操作都没有危害，所以建议设置开路故障为主。排故训练时一次只设置一个故障。图5-15是训练排除点动控制电路故障的流程图，希望同学们能从中学会怎么排除电气故障。

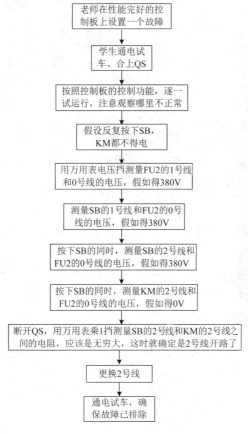

图5-15　排除点动控制电路故障的流程

任务三　三相异步电动机点动与

连续控制线路及故障排除

一、工具、仪表及器材

（1）工具：螺丝刀、剥线钳、断线钳等电工工具。

（2）仪表：验电笔、万用表。

（3）器材：SW010实训板、三相异步电动机、导线等。

二、实训过程

1. 安装三相异步电动机点动与连续控制电路

（1）三相异步电动机点动与连续控制电路原理如图5-16所示。

（2）对照图5-16，在电力拖动实训板SW010上找到相应的元器件，并按原理图给元器件命名。

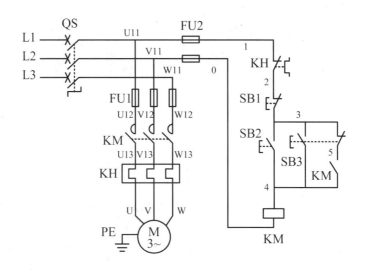

图5-16　三相异步电动机点动与连续控制电路

（3）检测所有元器件性能均良好后，即可开始连接线路。如图 5-17 所示。

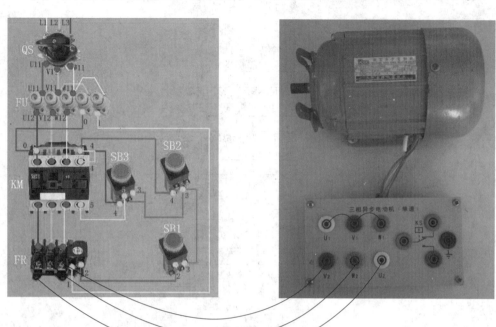

图 5-17　点动与连续运行控制电路接线示意图

（4）连接线路完成后，学生先自我检查，确定无误后请老师帮忙核实。

（5）得到老师允许后，学生方可在老师的监护下通电试车。

2. 排除三相异步电动机启动控制电路的故障

现实生产中，常见的电气故障有元器件损坏故障、短路故障和开路故障。因为元器件损坏故障比较难设置，也难修理，所以建议少设置元器件损坏故障；短路故障不单危害设备，严重的会危及到操作者的人身安全，所以不允许设置短路故障；开路故障对设备和操作都没有危害，所以建议设置开路故障为主。排故训练时一次只设置一个故障。训练排除点动与连续控制电路故障的流程如图 5-18 所示，希望同学们能从中学会怎么排除电气故障。

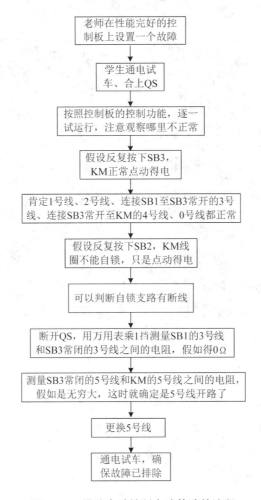

图 5-18 排除点动控制电路故障的流程

任务四 双重联锁正反转控制线路及故障排除

一、工具、仪表及器材

（1）工具：螺丝刀、剥线钳、断线钳等电工工具。

（2）仪表：验电笔、万用表。

（3）器材：SW010 实训板、三相异步电动机、导线等。

二、实训过程

1. 安装双重联锁正反转控制线路

（1）三相异步电动机双重联锁正反转控制线路原理如图 5-19 所示。

（2）对照图 5-19，在电力拖动实训板 SW010 上找到相应的元器件，并按原理图给元器件命名。

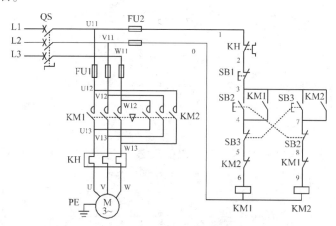

图 5-19 双重联锁正反转控制线路原理

（3）检测所有元器件性能均良好后，即可开始连接线路。如图 5-20 所示。

（4）连接线路完成后，学生先自我检查，确定无误后请老师帮忙核实。

（5）得到老师允许后，学生方可在老师的监护下通电试车。

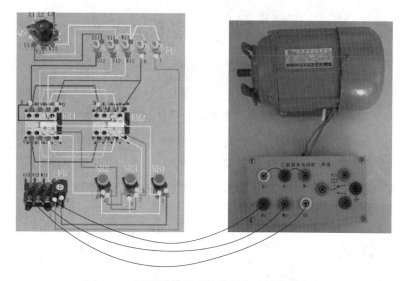

图 5-20 双重联锁正反转控制电路接线示意图

2. 排除三相异步电动机双重联锁正反转控制电路的故障

现实生产中，常见的电气故障有元器件损坏故障、短路故障和开路故障。因为元器件损坏故障比较难设置，也难修理，所以建议少设置元器件损坏故障；短路故障不仅危害设备，严重的还会危及操作者的人身安全，所以不允许设置短路故障；开路故障对设备和操作者都没有危害，所以建议设置开路故障为主。排故训练时一次只设置一个故障。训练排除双重联锁正反转控制电路故障的流程如图 5-21 所示，希望同学们能从中学会怎么排除电气故障。

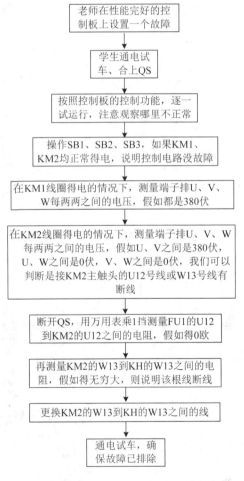

图 5-21 排除双重联锁正反转控制电路故障的流程

项目六

陶瓷企业供配电系统

任务一 电缆敷设

一、工具、仪表及器材

（1）工具：常用电工工具、电缆放线架（千斤顶）、滑轮托架、电动锯、钢锯、液压钳、电缆剪、电风筒、钢卷尺、施工手套、耐压试验设备、界刀、交流焊机、铁锤、钢尖形锹杠、金属切割机、弯管机、拉线、磨光机。

（2）仪表：兆欧表、万用表、水平仪。

（3）主要材料：电缆、电缆终端头套、塑料带、绝缘三叉手套、绝缘管、应力管、编织铜线、填充胶、密封胶带、密封管、相色管、防雨裙、5#镀锌角钢。

（4）辅助材料：焊锡、焊油、白布、砂布、芯线连接管、清洗剂、汽油、硅脂膏、接线端子、焊锡、清洁剂、砂布、白布、汽油、焊油、镀锌螺丝、电缆卡子、电缆标牌、10mm多股铜线、防锈漆。

二、实训过程

1. 作业（工序）流程如6-1所示。

2. 电缆支架制作

（1）领用材料，并检查型钢。

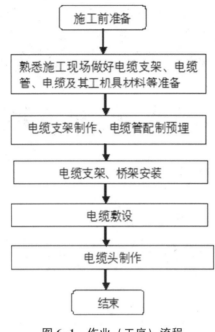

图 6-1　作业（工序）流程

1）检查所领用的材料，是否符合图纸设计的规格型号。

2）检查角钢有无明显扭曲变形。

3）检查型钢是否有严重锈蚀现象。

4）角钢的平直度误差应≤L/1000（L 为型钢长度）。

（2）用剪冲机或切割机下料。

1）下料时，切口应平正，无卷边毛刺。

2）下料后，长短误差≤3mm。

（3）除锈。

1）将所下的角钢进行除锈，除锈后角钢应光滑、明亮。

2）除锈后的角钢如仍有棱角、毛刺，需将其打磨光滑。

（4）支架制作。

1）对照图纸设计要求，组装符合规格型号支架。

2）组装支架时，挡间距离偏差≤2mm；长度偏差≤3mm；宽度偏差≤2mm。

3）电缆支架的层间允许最小距离当设计无要求时，可采用表 6-1 的规定。但层间净距不应小于两倍电缆外径加 10mm，35kV 及以上高压电缆不应小于 2 倍电缆外径加 50mm。

表 6-1 电缆支架的层间允许最小距离值（mm）

电缆类型和敷设特征		支（吊）架	桥架
控制电缆		120	200
电力电缆	10kV 及以下（除 6~10kV 交联聚乙烯绝缘外）	150~200	250
	6~10kV 交联聚乙烯绝缘	200~250	300
	35kV 单芯		
	35kV 三芯	300	350
	110kV 及以上，每层 1 根	250	300
电缆敷设与盒槽内		h+80	h+100

注：h 表示盒槽外壳高度。

（5）焊接。

1）制作支架焊接时，应焊接牢固，无显著变形、无砂眼、咬边、虚焊，焊缝饱满。

2）制作成的电缆支架横平竖直，并除净焊渣。

（6）刷防锈漆、灰漆。

1）刷防锈漆时要均匀，无滴流现象。

2）防锈漆晾干后刷一层灰漆，应将防锈漆完全盖住，无滴流、无花脸。

（7）电缆支架的加工应符合下列要求。

1）钢材应平直，无明显扭曲。下料误差应在 5mm 范围内，切口应无卷边、毛刺。

2）支架应焊接牢固，无显著变形。各托臂间的垂直净距与设计偏差不应大于 5mm。

3）金属电缆支架必须进行防腐处理。位于湿热、烟雾以及有化学腐蚀地区时，应根据设计做特殊的防腐处理。

3. 电缆支架安装

在变、配电室电缆夹层和电缆沟施工中，电缆支架的安装主要有如图 6-2 所示的四种类型，其中图 6-2（d）式支架用于承重较重、电缆数量较多的场所，电缆支架的上、下底板与立柱为散件到货，需在安装过程中进行焊接。实物如图 6-3 所示。

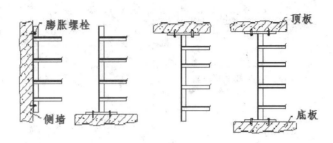

（a）侧墙安装；（b）底部安装；（c）顶部安装；（d）上下安装

图 6-2　支架的安装

图 6-3　电缆沟支架的安装

（1）测量定位。

1）根据设计图纸，测量出电缆支架边缘距轴线、中心线、墙边的尺寸，在同一直线段的两端分别取一点。

2）用墨斗在电缆夹层顶板上弹出一条直线，作为支架距轴中心或墙边的边缘线。

3）以顶板的墨线为基准线，用线坠定出立柱在地板的相应位置，用墨斗在地面弹一直线。

4）按照设计图纸的要求在直线上标出底板的位置。

（2）底板安装。

1）按标注的位置，将底板紧贴住夹层地面或夹层顶板，根据底板上的孔位，用记号笔在地面和夹层顶板作出标记（对于结构有预埋铁时，将上下底板直接焊接到预埋铁上）。

2）取下底板，在记号位置用电锤将孔打好。

3）将膨胀螺栓敲入眼孔，装好底板，紧固膨胀螺栓将底板固定牢固。

（3）立柱焊接、防腐。

1）测量夹层上、下底板之间的准确距离，根据此距离切割出相应长度的立柱槽钢长度。槽钢长度比上、下底板之间的距离小 2~3mm。

2）采用可拆卸托臂时，切割槽钢时必须保证槽钢各托臂安装位置在同一高度。

3）将直线段两端的槽钢立柱放在电缆支架的上、下底板之间，确认立柱位置无误后，采用电焊将立柱与下部底板点焊固定。

4）用水平尺检验槽钢立柱的垂直度，确认无误后，将槽钢立柱与上、下底板焊接牢固。

5）用两根线绳在两根立柱之间绷紧两条直线，顶部与下部各一条。

6）以此直线为依据安装其他立柱，使所有立柱成为直线。

7）除去焊接部位的焊渣，用防锈漆和银粉进行防腐处理。

4. 电缆敷设

（1）敷设前检查电缆型号、电压等级、规格、长度应与敷设清单相符，外观检查电缆应无损坏。

（2）电缆敷设时应必须按区域进行，原则上先敷设长电缆，后敷设短电缆，先敷设同规格较多的电缆，后敷设规格较少的电缆。尽量敷设完一条电缆沟，再转向另一条电缆沟，在电缆支架敷设电缆时，先布满一层，再布另一层。

（3）按照电缆逐根敷设，敷设时按实际路径计算每根电缆长度，合理安排每盘电缆的敷设条数。

（4）敷设完一根电缆，应马上在电缆两端及电缆竖井位置挂上临时电缆标签。

（5）电缆明敷设时，至少应加以固定的部位如下：垂直敷设，电缆与每个支架接触处应固定；水平敷设时，在电缆的首末端及接头的两侧应采用电缆绑扎带进行固定，此外电缆拐弯处及电缆水平距离过长时，在适当处亦应固定一、二处。

（6）电缆敷设时应排列整齐，不宜交叉，电缆沟转弯、电缆层井口处电缆弯曲弧度一致、顺畅自然。

（7）光缆、通信电缆、尾纤应按照有关规定穿设 PVC 保护管或线槽。

（8）电缆在各层桥架布置应符合高、低压，控制电缆分层敷设，并按从上至下高压、低压、控制电缆原则敷设，不得将电力电缆与控制电缆混在一起。

（9）机械敷设电缆的速度不宜超过 15m/min，牵引的强度不大于 $7kg/mm^2$，电缆转弯处的侧压力不大于 $3kN/m^2$。

（10）金属保护管不宜有中间口，如有中间口应用阻燃软管连接，不用软管接头，保护管端用塑料带或自粘胶带包裹固定。金属保护管至设备或接线盒之间用阻燃软管连接，两头用相应的接头连接。

（11）高压电缆敷设过程中为防止损伤电缆绝缘，不应使电缆过度弯曲，注意电缆弯曲的半径，防止电缆弯曲半径过小损坏电缆。电缆拐弯处的最小弯曲半径应满足规范要求，对于交联聚乙烯绝缘电力电缆其最小弯曲半径单芯为直径的 20 倍，多芯为直径的 15 倍。

（12）高压电缆敷设时，在电缆终端和接头处应留有一定的备用长度，电缆接头处应相互错开，电缆敷设整齐不宜交叉，单芯的三相电缆宜放置"品"字形，并用相色缠绕在电缆两端的明显位置。

（13）电缆敷设应做到横看成线，纵看成行，引出方向一致，余度一致，相互间距离一致，避免交叉压叠，达到整齐美观。

（14）高压电缆固定间距符合规范要求，单芯电缆或分相后各相终端的固定不应形成闭合的铁磁回路，固定处应加装符合规范要求的衬垫。

（15）电缆敷设完后，应及时制作电缆终端，如不能及时制作电缆终端，必须采取措施进行密封，防止潮湿。

（16）电缆敷设完固定后，应恢复电缆盖板或填土，电缆穿墙或地板时，电缆敷设后，在其出口处必须用耐火材料严密封。

5. 电缆头制作

常见电缆如图 6-4 所示。电缆终端头的种类较多，特别是橡塑绝缘电缆及其附件发展较快。常用型式有自粘带绕包型、热缩型、预制型、模塑型、弹性树脂浇注型，还有传统的壳体灌注型、环氧树脂型等。虽然电缆头的型式不同，但其制作工艺却大同小异。

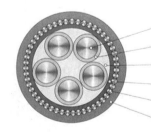

导体 Conductor
绝缘体 Insulation
填充物 Filler
内护套 Inner sheath
钢丝铠装 Steel wire armour
外护套 Over sheath

图 6-4　常用电缆

（1）剥外护套。开剥长度如表6-2所示。

表6-2　电缆开剥长度

电缆截面	户外	户内
25~240mm²	840mm	760mm
300~400mm²	870mm	780mm

用界刀环切外护套，再向外竖切就可将外护套剥出。如图6-5所示。

（2）锯钢铠。上一步完成后，在距外护套约35mm处用恒力弹簧（或铜扎丝）捆绑固定，在卡子边缘（无卡子时为铜丝边缘）顺钢铠包紧方向锯一环形深痕，（不能锯断第二层钢铠，否则会伤到电缆），用一字螺丝刀撬起（钢铠边断开），再用钳子拉下并转松钢铠，脱出钢铠带，处理好锯断处的毛刺。整个过程都要顺钢铠包紧方向，不能把电缆上的钢铠搞松。如图6-6所示。

图6-5　剥外护套

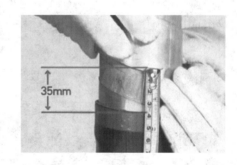

图6-6　锯钢铠

（3）剥内护套。内护套的开剥方法和外护套开剥方法相同，剥开内护绝缘层后将填充物割掉，注意应从上到下切割，避免伤及铜屏蔽。保证铜屏蔽层与钢铠之间的绝缘约10mm。如图6-7所示。

（4）铜屏蔽层处理。量取端子孔的深度，在电缆芯线分叉处做好色相标记，正确测量好铜屏蔽层切断处位置，用焊锡焊牢（防止铜屏蔽层松开），在切断处内侧用铜丝扎紧，顺铜带扎紧方向沿铜丝用刀划一浅痕（注意：不能划破半导体层），慢慢将铜屏蔽带撕下，最后顺铜带扎紧方向解掉铜丝。如图6-8所示。

（5）剥半导电层。在离铜带断口20mm处开剥半导电层，在铜屏蔽层侧包一圈胶带作标记。如图6-9所示。

图 6-7　剥内护绝缘层

图 6-8　剥铜屏蔽带

1）可剥离型。在预定的半导电层剥切处（胶带外侧），用刀划一环痕，从环痕向末端划两条竖痕，间距约 20mm。然后将些条形半导电层从未端向环形痕方向撕下（注意：不能拉起环痕内侧的半导电层），用刀划痕时不应损伤绝缘层，半导电层断口应整齐。检查主绝缘层表面有无刀痕和残留的半导电材料，如有应清理干净。

2）不可剥离型。从芯线末端开始用玻璃刮掉半导电层（也可用专用刀具），在断口处刮一斜坡，断口要整齐，主绝缘层表面不应留半导电材料，且表面应光滑。

（6）剥绝缘层。从电缆顶端量取连接端子孔深度再加 5mm 的距离，剥去绝缘层，如图 6-10 所示。

图 6-9　剥半导电层

图 6-10　剥绝缘层

（7）清洁主绝缘层表面。

1）在绝缘层断口处用界刀削出 45°×2mm 坡口，并用砂纸打磨光滑。

2）在半导电层断口处削出约 5mm 坡口，紧挨端口在半导电层上缠绕 3 层胶带保护半导电层，用砂纸将半导电层打磨光滑后解掉胶带，如图 6-11 所示。

3）用锯条或砂纸打磨钢铠，锯掉防锈漆。

4）用砂纸打磨铜屏蔽，如图 6-12 所示。

图 6-11 打磨半导电层

图 6-12 打磨铜屏蔽

5）用电缆清洁纸擦净绝缘层和导线。清洁方向应从绝缘层到半导电层，不能往回擦拭。

（8）安装地线。用接地线末端绕铜屏蔽一周后引出，用恒力弹簧卡紧，再将地线用恒力弹簧卡紧在钢铠上，用胶带缠绕在恒力弹簧上，保证弹簧不会松脱，如图 6-13 所示。用填充胶填平两个弹簧之间的间隙，在恒力弹簧和接地线引出位置缠绕一层弹性密封胶。

（9）安装冷缩绝缘三指套。电缆安装附件如图 6-14 所示，将冷缩三指套放至电缆根部，逆时针抽掉塑料支撑条，使其自然收缩。

图 6-13 安装接地线

图 6-14 电缆安装附件

（10）安装冷缩护套管。将冷缩护套管分别套入三心电缆，使护套管与冷缩三指套重叠 20mm，如图 6-15 所示，逆时针抽掉塑料支撑条，让其自然收缩。注意冷缩护套管末端距电缆外半导电层断口约 20mm，多余部分应切除，如图 6-16 所示。

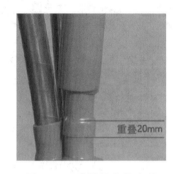
图6-15　冷缩护套管安装

图6-16　冷缩护套多余部分处理

（11）安装冷缩终端头。从半导电层断口量取户外50mm/户内40mm的距离，用胶带做好标记，如图6-17所示。用电缆清洁纸擦净绝缘层，在绝缘层表面均匀涂抹硅脂，套入冷缩终端头至胶带标记处，逆时针抽掉塑料支撑条，使终端自然收缩，如图6-18所示。

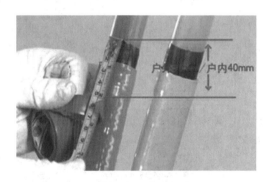
图6-17　冷缩终端头定位

图6-18　套入冷缩终端头

（12）压接端子。用压接钳压接端子，如图6-19所示，压接完成后应去除毛刺，打磨光滑。用填充胶填平端子与绝缘之间的空隙，用弹性密封胶带缠绕压接后的端子表面加强密封。

（13）安装冷缩密封管。将冷缩密封管搭接在冷缩终端头20mm左右，如图6-20所示，分别在各相套入冷缩密封管。抽掉塑料支撑条使密封管自然收缩，自从电缆终端头安装完毕。

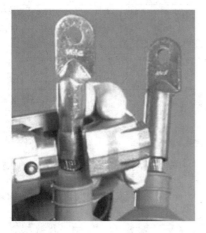

图6-19　压接端子

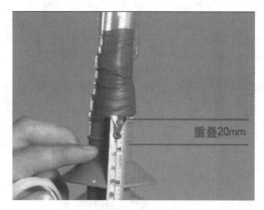

图6-20　安装冷缩密封管

6. 中间头制作方法

（1）电缆预处理。

1）将电缆校正摆直位置，按照尺寸（80mm和60mm处）用刀割断外护层，量取30mm钢铠，用恒力弹簧固定，在电缆头30mm处再割断钢铠，如图6-21所示，去掉钢铠。

2）从钢铠断口往外留取100mm内护套，如图6-22所示，剥除其余内护套，将填充物回填，不要割掉，分开三相电缆的芯线。

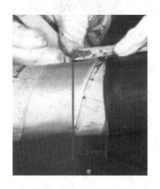

图6-21　切割钢铠

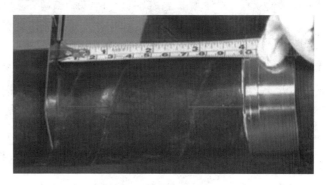

图6-22　内护套切割位置

3）从芯线顶端向下量取铜屏蔽，量取长度如表6-3所示。用胶带标记，剥除量取的铜屏蔽。

表6-3　芯线尺寸

电缆截面	铜屏蔽长度	外半导电层长度	中间连接管长度	两端外半导电层距离
$20\sim50mm^2$	200mm	150mm	≤80mm	310mm
$70\sim120mm^2$	210mm	160mm	≤100mm	330mm
$150\sim240mm^2$	220mm	170mm	≤120mm	350mm
$300\sim400mm^2$	230mm	180mm	≤140mm	370mm
$500\sim630mm^2$	240mm	190mm	≤160mm	400mm

4）从芯线顶端向下量取外半导电层，量取长度如表6-3所示，用胶带标记。将量取的外半导电层切除。在外半导电层用刀削出约5mm坡口，如图6-23所示。将胶带包裹绝缘层一圈，保护绝缘层，用砂纸打磨坡口直至光滑，然后解开胶带。

5）从芯线顶端向下取中间连接管的一半长度，如图6-24所示，中间连接管长度选择如表6-3所示。去掉绝缘层露出芯线，在绝缘层断口处削出45°×2mm坡口，用砂纸把坡口打磨光滑。用电缆清洁纸擦净绝缘层和铜屏蔽层，另一端电缆按相同尺寸剥开。

图6-23　削5mm坡口

图6-24　线芯剥削长度

（2）套入冷缩接头主体。在电缆较长的一端各相套入冷缩接头主体，冷缩接头主体套入时塑料支撑条拉出端靠内侧，在较短一端电缆各相套入铜屏蔽网。

（3）压接中间连接管。用压接钳压接中间连接管，用砂纸打磨光滑中间连接管并清洁干净，从一端外半导电层到另一端外半导电层的距离应如表6-3所示。在两端外包导电层断口处向内取20mm并用胶带做好标记作为两端收缩定位点，如图6-25所示。清理绝缘层表面，并均匀涂抹硅脂膏。将冷缩接头主体对准定位点抽出塑料支撑条，使接头自然收缩。

（4）安装铜屏蔽网套及内地线。拉开铜屏蔽网套，套在各相接头主体外，用砂纸打磨铜屏蔽层。在电缆开剥较长一端用地线插入三芯电缆分叉处，将地线绕包一层铜屏蔽层后用恒力弹簧把铜屏蔽网、地线和三芯电缆扎紧。把地线另一端拉至电缆开剥较短一端，如图 6-26 所示，以同样方式用恒力弹簧扎紧，在恒力弹簧上用胶带缠绕两圈，保证弹簧不会松脱。

图 6-25　外半导电层定位　　　　　　　　图 6-26　接地线安装

（5）内部整形。将填充物回填至三芯电缆空隙处，使接头形成整齐的外观，用透明 PVC 胶带缠绕扎紧，在两端电缆内护套之间拉伸半重叠绕包防水胶带两层。

（6）连接外地线。用锯条或砂纸打磨钢铠，去掉防锈漆，用恒力弹簧把另一根地线固定在钢铠的一端，并绕在防水胶带上面至另一端钢铠，用恒力弹簧固定，在恒力弹簧上缠绕两层胶带，保证弹簧不会松脱。然后，搭接两端电缆外护套约 80mm，缠绕拉伸半重叠绕包防水胶带两层，如图 6-27 所示。

图 6-27　缠绕防水胶带

（7）安装铠装带，恢复外护套。带好乳胶手套，打开铠装带外包装（外包装打开后铠装带必须在 15 秒之内开始使用，否则将迅速硬化）。从一端搭接外护套 100mm，半重叠缠绕至另外一端的外护套约 100mm，然后回缠直至将配套的外护套全部用完。缠绕完成后静置 30 分钟以上才可以移动电缆，自此电缆中间连接完毕。

7. 考核要求

（1）按图纸要求进行正确、熟练的安装；元件在配线板上的布置要合理，安装要正确、紧固，布线要求横平竖直，应尽量避免交叉跨越，接线紧固、美观。正确使用工具和仪表。

（2）按钮盒固定在板上。

（3）安全文明操作。

序号	主要内容	考核要求	配分	扣分	得分
1	电缆支架加工	（1）电缆支架平直，无明显扭曲，切口无卷边、毛刺 （2）支架焊接牢固，无变形，横撑间的垂直净距与设计偏差不大于 5mm （3）金属电缆支架防腐符合设计文件要求	10		
2	电缆支架安装	（1）电缆支架安装牢固 （2）各支架的同层横档水平一致偏差不大于 5mm （3）托架、支吊架沿桥架走向左右偏差不大于 10mm （4）支架与电缆沟或建筑物的坡度相同 （5）电缆支架最上层及最下层至沟顶、楼板或沟底、地面的距离符合设计文件要求，设计无要求时，应符合 GB 50168 的规定 （6）支架防火符合专项设计文件要求	20		
3	敷设及连接	（1）固定牢固，并列敷设的电缆管管口高度、弯曲弧度一致，裸露的金属管防腐处理符合设计文件要求 （2）电缆管连接牢固，出入电缆沟、竖井、隧道、建筑、盘（柜）及穿入管子时，出入口封闭，管口密封 （3）敷设预埋管道过沉降缝或伸缩缝需做过缝处理 （4）与电缆管敷设相关的防火符合专项设计文件要求	30		
4	终端头和接头制作	（1）线芯绝缘无损伤，包绕绝缘层间无间隙和折皱 （2）连接线芯用的连接管和线鼻子规格与线芯相符，压接和焊接表面光滑、清洁且连接可靠 （3）直埋电缆接头盒的金属外壳及金属护套防腐符合设计文件要求 （4）电缆终端头和接头成型后密封良好、无渗漏，电缆两端终端头各相相位一致 （5）电缆终端头和接头的金属部件涂层完好、相色正确	40		
5	安全要求	（1）在操作过程中没有人身伤害及事故 （2）没有损坏设备 （3）敷设电缆及电缆头制作符合国家安全规定 　该项为安全项，不配分，如出现安全事故可酌情扣 1~99 分			
备注		合计			
		教师签字		年　月　日	

任务二　倒闸操作训练

一、工具、仪表及器材

（1）工具：人字梯、护目眼镜、线手套、绝缘手套、绝缘靴、安全帽、端子箱、机构箱钥匙、操作加力杆。

（2）仪表：万用表。

（3）器材：验电器、接地线、绝缘棒、应急灯。

二、实训过程

1. 人员要求

（1）倒闸操作人员应经过安全知识培训并考核合格，取得变电运行值班员技术等级证书。

（2）进行 220kV 及以上设备倒闸操作，人员原则上不得少于 4 人（正副站长或技术员必须到位）；110kV 及以下设备倒闸操作，人员不得少于 3 人；计划大型停电倒闸操作人员由站（队）长在停电工作班前会上具体安排，工区专责应到位。

（3）110kV 及以上设备倒闸操作监护人必须具备高级工及以上技术等级；操作人必须具备中级工及以上技术等级。35kV 及以下设备倒闸监护人必须具备中级工及以上技术等级；操作人必须具备初级工及以上技术等级。

2. 操作前准备

（1）值班长或值班负责人提前向调度申请操作预令。

（2）值班负责人根据操作性质组织本值人员进行危险点分析预控工作。

（3）大型停电工作站（队）长应组织操作人员到现场进行查看，找出操作中的危险点，制定相应的控制措施并由站（队）长组织召开班前会。

（4）值班负责人根据预令安排操作监护人、操作人及协助操作人。

（5）操作人根据调度操作预令准备倒闸操作票。

（6）操作监护人及协助操作人根据值班负责人的安排，准备好操作所需的合格的安全工器具。

（7）安全帽数量充足，外观检查无裂纹和变形等。

（8）应急照明灯完好。

（9）工具（如扳手、梯子、护目眼镜等）外观检查良好。

（10）钥匙（电脑钥匙是否已充好电，自检程序正确）编号应与操作票所要操作的电气设备名称编号相符。

（11）绝缘靴、绝缘手套应在试验合格周期内，外观检查良好，无破损。

（12）验电器应在试验合格周期内、外观检查良好，对验电器进行自检良好。

（13）接地线有无断股、散股，外护套有无破损，各连接螺丝是否松动。

（14）遮栏、遮栏杆及相应标示牌数量充足。

3. 倒闸操作票的执行程序

（1）预受令。接调度员预发指令。双方互报姓名（要求在工作联系中，接话人主动报单位、姓名），受令者复诵并记录，以便提前准备好操作票。

受令人应为当值正值及以上值班员，副值及学员不得单独接受调度指令。

发令人应简要说明操作目的，受令人对操作任务涉及的继电保护及自动装置投退方式，有不明确的可以向发令人询问清楚，以便正确准备操作票。

（2）填写操作票。接令后，值班负责人应指定本次操作的操作人和监护人，用规范的术语向操作人下达操作任务（双重编号），并说明操作项目、程序、注意事项等内容，操作人复诵无误后，由操作人填写操作票；操作人审核无误后，在操作票最后一项的左下方顶格盖"以下空白"章并签名，然后交监护人审核。

（3）审核操作票。监护人到模拟屏（或微机防误装置、微机监控装置）前再次核对操作票，无误后在监护人栏签名，向值班负责人汇报。值班负责人向调度员汇报操作票填写完毕，等候操作指令。

（4）接受操作指令。调度员与值班负责人互报姓名后，用规范术语下达正式操作指令，值班负责人复诵（双重编号）无误并记录指令，再向操作人、监护人下达操作指令，并交代操作注意事项。发布预令及正式操作指令双方均应做好录音。

（5）模拟预演。操作人、监护人持操作票到模拟屏（或微机防误装置、微机监控装置）前逐项预演，确认操作无误且不会发生设备误操作事故。预演结束，记录操作开始时间，准备操作。

（6）操作前准备。准备必要的安全工具、操作工具、闭锁钥匙。必须检查所用安全工具合格。钥匙由监护人掌管，安全工具、操作工具由操作人携带，然后去现场。

（7）现场操作。去操作现场途中，操作人在前，监护人紧跟其后进行监护，行走路线必须走巡视道，操作人所携带的安全用具（验电笔、绝缘棒）在行走时高度不能过肩。

监护人应告知操作人下一个操作任务，操作人应清楚。到应操作设备前，面向设备站立，监护人站于操作人的左（或右）后侧，共同核对设备的名称、编号和设备的实际位置无误后，才能开始操作。

监护人高声唱票——操作人目视手指设备复诵——监护人发令"对，执行"，将钥匙交操作人——操作人开锁操作。操作必须按照操作票逐项进行，每操作、检查完一项立即在操作票上打"√"。

电气设备操作后的位置检查应以设备实际位置为准，无法看到实际位置时，可以通过设备机械位置指示、电气指示、仪表及各种遥测、遥控信号的变化，且至少应有两个及两个以上指示已同时发生对应变化，才能确认该设备已操作到位。检查断路器、隔离开关的位置时，必须检查三相位置。

设备带电或失电前（即断开开关前）均应向调度员汇报。

开关的分合时间、保护及自动装置压板的投退时间、接地刀闸拉合或临时接地线装拆时间均应记录。

（8）挂标示牌、汇报。操作结束后，再次逐项检查防止漏项。挂相应的标示牌，记录结束时间，向调度员汇报，许可工作票工作。

4. 考核要求

（1）接收正确的倒闸操作任务。

（2）能正确地进行倒闸操作。

（3）安全文明操作。

序号	主要内容	评分标准	配分	扣分	得分
1	接受发令人预发命令		1分		

续表

序号	主要内容	评分标准	配分	扣分	得分
2	操作人（填票人）填写操作票	（1）填写操作票前，操作人必须核对预发命令，查对操作模拟图及有关图纸、资料，弄清楚实际运行方式（2分） （2）操作人根据监护人（审票人）的书面命令填写操作票；操作前应了解发令人预发命令目的和操作意图，弄清楚操作方式，一份操作票只能填写一个操作任务（2分） （3）每个顺序只能填写一项操作项目（1分） （4）填票应使用钢笔或圆珠笔，字迹不得潦草和涂改，票面整洁。尤其是设备名称、编号和操作项目不准涂改，其他漏字补添，错字修改必须清楚，涂改每份不得超过三处，每处不超过一个字（3分） （5）应根据现场设备情况填写操作票，下列项目应填入操作票内（9分） 1）应拉合的设备[断路器（开关）、隔离开关（刀闸）、接地刀闸等]，验电，装拆接地线，安装或拆除控制回路或电压互感器回路的熔断器，切换保护回路和自动化装置及检验是否确无电压等 2）拉合设备[断路器（开关）、隔离开关（刀闸）、接地刀闸等]后检查设备的位置 3）进行停、送电操作时，在拉、合隔离开关（刀闸），手车式开关拉出、推入前，检查断路器（开关）确在分闸位置 4）在进行倒负荷或解、并列操作前后，检查相关电源运行及负荷分配情况 5）设备检修后合闸送电前，检查送电范围内接地刀闸已拉开，接地线已拆除 6）填写操作票后要自审，认为合格，在"填票人"栏签名后，方算填票结束 （6）要有统一、确切的调度术语及操作术语（2分）	19分		
3	审核操作票	（1）操作人签字的操作票，经审票人审核无误后在"审票人"栏签名，而后监护人、操作人应对照模拟图进行模拟操作，再次检查操作票的正确性。严禁使用未经审查的操作票进行操作，另外，填票人未签名的操作票，审票人不得审核（5分） （2）模拟操作后要使模拟图还原到初始状态（2分） （3）审票人审票时，如有错误而未审查出来，按误操作进行考核（3分） （4）审票时发现错误，审票人不得自行涂改，应盖"作废"章，将操作票退回填票人，重新填票，并主动指出错误所在，根据错误性质，定有关人员差错（3分） （5）签字不得潦草（2分）	15分		

续表

序号	主要内容	评分标准	配分	扣分	得分
4	接受发令人正式指令	（1）做好记录，由监护人填写操作开始时间（2分） （2）由监护人拿钥匙，操作人拿操作工具、安全用具到现场进行实际操作（3分）	5分		
5	高声唱票	（1）操作人和监护人同去现场时，操作人应走在前面，监护人走在后面，思想要集中，途中不准闲谈或做与操作无关的事，严禁跑错位置（3分） （2）操作人站停后，监护人确认站停位，即可发出"三项核对"的口令（核对设备命名、编号、实际状态），监护人未发出"三项核对"，操作人也未提出，则两个人同样差错。操作人核对时，手指设备有关部位，嘴里说着核对内容。监护人边听边看，认为无误后发出"正确"，核对即告结束（4分） （3）核对中如发现异常情况，应立即停止操作，查明原因（2分） （4）设备核实无误后，监护人按顺序逐项高声唱票，严禁凭记忆唱票，必须眼看操作票，逐字高声唱票（3分）	12分		
6	高声复诵	（1）操作人听到操作命令时，应眼看设备编号和状态，核对监护人所发命令的正确性（3分） （2）操作人边听边核对认为正确，用手指向该项操作的操作把手，模拟操作方向，进行高声复诵（3分） （3）检查项目不复诵，而采用肯定回答的方式。例如："检查001开关确在合闸位置。"复诵为"001开关操作把手在合闸位置，红灯亮，电流表指示30A，机械指示器在合闸位置"（3分）	9分		
7	实际操作，逐项勾票	（1）监护人认为复诵无误，手指部位及操作方向正确，即发出"对！执行"的口令，操作人听到此口令后，从监护人手中接过钥匙，进行实际操作（3分） （2）每项操作后，监护人在操作票该项操作栏内打'√'，不准出格；操作人看到确已勾票，并主动了解下一项操作内容，方可按步骤进行下一项操作，直至操作任务完成（3分） （3）每项操作完毕后，操作人、监护人应共同检查操作结果，检查合格后，操作人取出闭锁钥匙交给监护人（对装有防误闭锁的所站考核）。检查过程中，发现不正常情况应立即停止操作，查明原因后，方可操作（3分） （4）操作过程中，不准随意解除防误闭锁。（2分）	11分		

序号	主要内容	评分标准	配分	扣分	得分
8	汇报操作完成	（1）全部操作结束后，共同对所操作的设备状态进行一次全面检查，确认复查正确（2分） （2）操作完毕后，监护人向发令人汇报（2分） （3）监护人在操作票上记录"操作结束时间"，并在操作票最后一页由操作人、监护人签名（2分） （4）操作人整理钥匙、安全用具，操作用具且对号放置(2分)	8分		
9	做好记录，签销操作票	（1）汇报完毕后，监护人监护，由操作人将系统模拟图与设备状态一致（3分） （2）监护人在操作票的操作步骤最后一项下侧顶足格盖"已执行"章（2分） （3）开好班后会（2分）	7分		
备注		合计			
		教师 签字		年　　月　　日	

项目七

陶瓷企业安全保证措施

任务　倒闸操作票的填写

一、工具、仪表及器材

（1）工具：钢笔或圆珠笔。

（2）器材：电气倒闸操作前标准检查项目表、电气倒闸操作票、电气倒闸操作后应完成的工作项目表。

二、实训过程

一项完整的标准电气倒闸操作票应由电气倒闸操作前标准检查项目表（见表7-1）、电气倒闸操作后应完成的工作项目表（见表7-2）和电气倒闸操作票（见表7-3）组成。

表 7-1　电气倒闸操作前标准检查项目

操作任务：　　　　　　　　　　　　　　　　操作票编号：

序号	检查内容	核实情况	备注
1	核实目前的系统运行方式	是（　） 否（　）	
2	个人通信工具是否已关闭	是（　） 否（　）	
3	是否有检修作业未结束	是（　） 否（　）	
4	检查检修作业交代记录	是（　） 否（　）	
5	要操作的电气连接中是否有不能停电的	是（　） 否（　）	
6	是否已核实所要操作开关（刀闸）的目前状态	是（　） 否（　）	
7	检查电气防误闭锁装置工作正常	是（　） 否（　）	
8	核实要操作设备的自动装置或保护投入情况记录	与操作票填写一致（　　　　）	
9	操作对运行设备、检修措施是否有影响	有影响（　　） 无影响（　　）	
10	操作过程中需联系的部门或人员		
11	操作需使用的安全工器具		
12	操作需使用的备品、备件（保险）		
13	操作需使用的安全标志牌		
14	其他		

危险点	控制措施
人员精神状况	
人员身体状况	
人员搭配是否合理	
人员对系统和设备是否真正熟悉	
设备存在缺陷对操作的影响	
温度、湿度、气温、雨、雪对操作的影响	
照明、震动、噪声对操作的影响	
相邻其他操作或工作对操作的影响	
（本栏及以下由各单位根据操作任务填写）	

参加操作人员声明：我已掌握上述危险点预控措施，在操作过程中，我将严格执行。

签名：

完成准备工作时间：　　　　　　年　　　月　　　日　　　时　　　分

操作人：　　　监护人：　　　时间：　　年　　月　　日　　时　　分

表 7-2　电气倒闸操作后应完成的工作

操作任务：　　　　　　　　　　　　　　操作票编号：

序号	内容	落实情况	备注
1	登记地线卡	已完成（　） 无地线（　）	
2	登记绝缘值	已完成（　） 无绝缘值（　）	
3	修改模拟图	已完成（　） 无模拟图（　）	
4	登记保护投退操作记录	已完成（　） 未完成（　）	
5	拆除的接地线放回原存放地点	已完成（　） 无地线（　）	
6	摘下的安全标志牌、使用的安全工器具放回原存放地点	已完成（　） 无标志牌（　） 无安全工器具（　）	
7	未用完的备品、备件（保险）放回原存放地点	已用完（　） 无备品、备件（　）	
8	如实做操作记录	是（　）　　否（　）	
9	向值班负责人汇报	是（　）　　否（　）	
10	其他		

操作人：　　　监护人：　　　　时间：　　年　　月　　日　　时　　分

表 7-3　电气设备倒闸操作票

单位：＿＿＿＿＿＿＿＿＿＿＿＿　　　　　　编号：＿＿＿＿＿＿＿＿＿

发令人		受令人		发布时间	年　月　日　时　分
操作开始时间：	年　月　日　时　分			操作结束时间：	年　月　日　时　分

（√）监护下操作　　（　）单人操作　　（　）检修人员操作

操作任务：6kV 中联一线 416#线路由运行转检修

顺序	操作项目	√

备注：

操作人：　　　　　监护人：　　　　　值班负责人（值长）：

电气设备倒闸操作票填写要求：

1. 第一栏为接受单位栏

第一项单位填写××kV××变电站，第二项编号按现场规定填写。同一操作任务有多页的情况下编号相同。

2. 第二栏为命令栏

（1）发令人填写发布调度命令的调度员姓名。非调度管辖设备的操作填写发出操作命令的站长或副站长（操作队队长或副队长）或当班值班负责人姓名。

（2）受令人填写接受操作命令的值班员姓名。

（3）发令时间如实填写，时间精确到分。

3. 第三栏为操作时间栏

（1）操作开始时间在实际操作开始时填写。

（2）操作结束时间在本操作票所列操作项目全部执行完后填写，在操作任务未全部执行完但因故不再执行其余项目时，最后一项时间为操作结束时间。

4. 第四栏为操作分类选择栏

在实际操作类型前打（√）记号。

5. 第五栏为操作任务栏

按统一的调度术语简明扼要说明要执行的操作任务，操作任务栏内必须写明设备的电压等级，双重编号。操作任务不得涂改。停电和送电操作应分别填写操作票。母线、母线分段（母联）开关、旁路开关、母线PT、主变中性点，均应在其设备名称和编号前面加上相应的电压等级。一份操作票只能填写一个操作任务，一个操作任务根据一个调度命令。

为了相同的操作目的而进行的一系列相互关联并依次进行的操作过程，操作任务栏写满后，继续在"操作项目"栏内填写，任务写完后，空一项再写操作步骤。如下列操作

（1）倒母线操作或母线停电、送电操作。

（2）倒电压互感器的操作。

（3）倒两台主变及与主变相关的分段（母联）开关的操作，停一台主变或送一台主变的操作（均包括变压器各侧的开关）。

（4）倒站用电源及其他电源线的操作。

（5）进、出线及其转线操作。

（6）终端站的全站停电或电源侧母线停电、送电操作。

（7）状态相同的同一电压等级的几路直馈出线的停、送电操作。

6. 第五栏为操作项目栏

（1）第一列为顺序栏，分项书写文字可占用数行，顺序号不变，并连续。

（2）第二列为操作项目栏，应填写设备的双重名称（可不填写电压等级，但主变侧开关、母线、旁路母线、旁路开关、母线 PT 等应填写电压等级），根据操作任务，按操作顺序及操作票的要求、规定，依次填写分项内容；可占用数页，但应在前一页备注栏内中间写"接下页"，在后一页的操作任务栏中间写"接上页"。操作票填写完毕，在操作项目栏最后一项下面左边平行盖"以下空白"章，操作票填写刚好一篇，在备注栏相同位置盖"以下空白"章。

（3）第三列为检查栏，每操作完一项，应检查无误后做一个"√"记号。电气设备操作后的位置检查应以设备实际位置为准，无法看到实际位置时，可通过检查设备的机械位置指示、电气指示、仪表及各种遥测、遥信的变化，且至少应有两个及以上有效指示同时发生对应变化时，才能确认该设备已操作到位。

（4）操作执行完毕，在操作票操作项目栏最后一项下面右边加盖"已执行"章。若有废票（票面正确，因故未操作）在操作任务栏右边盖"作废"章。操作票因故中断操作时，如果同一页中操作项目已执行了一部分，剩余部分因故未执行，则在已执行的操作项目最后一栏右边盖"已执行"章，在未执行的操作项目第一栏右边盖"作废"章，其原因应在备注栏注明。

7. 第六栏为备注栏

在操作票因故作废或在执行过程中中断操作，在未执行操作票的各页任务栏右边盖"作废"章，其原因应在备注栏注明。当作废页数较多且作废原因注明内容较多时，可自第二张作废页开始只在备注栏中注明"作废原因同上页"。

8. 第七栏为签名栏

操作人填写操作票后签名；监护人根据模拟图板，核对所填的操作任务和项目，确认无误后签名；如果监护人不是值班负责人的，还要由值班负责人审核签名。正班负责值的站和监控中心人员在站端所写的操作票，可由正班担任监护人和值班负责人。无论何种方式填写的操作票，均应由本人亲笔签名，不准代签或打印。

9. 填票字体

填写操作票时设备的名称应使用中文，母线、母线 PT、保护的段别应使用罗马数字，设备的编号、消弧线圈和主变分接头的档位、操作票的编号、时间等应使用阿拉伯数字。

10. 填写要求

用钢笔填写操作票（也可用微机防误的专家系统制票），票面整洁、字迹清楚，重要文字（如拉合、调度编号、操作时间）不能涂改；有错字，在错字上打"×"，接着书写，但每页不得超过三处；如有一项发生错误，则在该错项上盖"此项作废"章，接着书写。以下三种情况错字不得涂改，应重新填票：

（1）设备名称、编号。

（2）时间及保护定值等参数。

（3）操作动作。如拉、合等。

11. 有下列情况之一者为不合格操作票

（1）操作起止时间未填。

（2）操作票页编号不连续。

（3）操作任务栏内，任务目的不清。

（4）操作项目填写不全。

（5）操作任务栏不使用电压等级、双重编号。

（6）操作票填写的设备名称与现场实标不符。

（7）操作票用铅笔填写。

（8）填与时用"同上"或用"×××"填写者。

（9）操作项目顺序颠倒（以安规为准）或用勾画的方法颠倒操作顺序。书写漏项、执行中漏项及执行后未注有"√"符号。

（10）操作票中重要文字有涂改者（如"拉"、"合"刀闸，时间及开关的调度编号）；错字、漏字、涂改每页三处以上者。

（11）操作票上操作人、监护人、值班负责人不签字或由一人代签或由一人担任。

12. 其他说明

（1）操作票中的电压等级"kV"应为小写"k"、大写"V"。

（2）操作项目中填写"合接地刀闸"，而实际操作中接地刀闸由于机械原因不能合上需要改挂地线时，应在操作票备注栏内填写改挂接地线的原因和更改项顺序号、改挂接地线的实际位置，接地线编号。

如 112 线 0 接地刀闸合不上，将第 8 项改为在 112-1 刀闸线路侧挂 1 号接地线。

（3）"发令人"、"受令人"、"发令时间"、"汇报时间"应填写在操作票的第一页。"操作人"、"监护人"、"值班负责人"签名应填写在操作票的最后一页，其他页不必填写。

（4）操作票上的所有线路名称"××Ⅰ（Ⅱ）回线"均统一规范为"××Ⅰ（Ⅱ）线"。

（5）操作票统一使用黑色中性笔填写，不得使用红色笔和铅笔。

（6）操作票中打"√"和操作时间统一使用红色笔填写。一个操作项目分两行填写时，时间和打"√"只在第二行填写。

（7）操作票中发令时间、汇报时间统一按照公历的年、月、日和 24h 制双位数填写，操作项目时间统一采用 24h 制双位数填写，例如汇报时间 2007 年 3 月 10 日 08 时 06 分、操作时间 16：05。

（8）操作票应按月装订成册，并在首页附"操作票执行情况审查表"（见附录）。已执行、未执行、作废的操作票应按编号顺序整体装订；计算机填票与编号票混合使用时，每月底将统一编号印刷的操作票按编号顺序放在计算机打印票的后面装订。

例：380V 厂用母线倒闸操作票

以×××发电公司 380V 厂用母线倒闸操作为例，开关为镇江—默勒 NZM12-1250 型。×××发电公司 380V 厂用母线接线方式如图 7-1 所示。

380V 厂用母线由"运行"转"检修"。

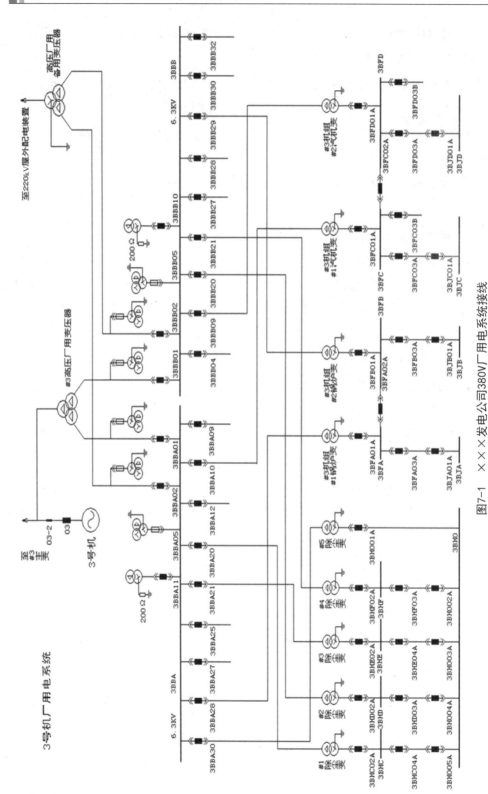

图7-1 ×××发电公司380V厂用电系统接线

表7-4　电气设备倒闸操作票

单位：_____　　　　　　　　　编号：_____

发令人		受令人		发布时间	年　月　日　时　分
操作开始时间：　年　月　日　时　分				终了时间：　年　月　日　时　分	

操作任务：380V××段母线由"运行"转"检修"

顺序	操作项目	√
1	模拟预演正确	
2	检查380V××段母线负荷全部停电	
3	检查380V××段#×××母联开关双重编号正确	
4	检查380V××段#×××母联开关"绿灯"亮	
5	检查380V××段#×××母联开关机械位置在"分闸"位	
6	检查380V××段#×××母联开关位置在"工作"位	
7	检查380V××段#×××母联开关联锁把手在"联锁"位	
8	切380V××段#×××母联开关联锁把手至"解除"位	
9	检查380V××段#×××母联开关联锁把手在"解除"位	
10	检查380V××段#×××母联开关"远方/就地"控制把手在"远方"位	
11	切380V××段#×××母联开关"远方/就地"控制把手至"就地"位	
12	检查380V××段#×××母联开关"远方/就地"控制把手在"就地"位	
13	摇出380V××段#×××母联开关至"检修"位	
14	断开380V××段#×××母联开关操作电源开关	
15	检查380V××段#×××母联开关操作电源开关在"分闸"位	
16	检查380V××段#×××工作电源开关双重编号正确	
17	检查380V××段#×××工作电源开关"远方/就地"控制把手在"远方"位	
18	切380V××段#×××工作电源开关"远方/就地"控制把手至"就地"位	
19	检查380V××段#×××工作电源开关"远方/就地"控制把手在"就地"位	
20	断开380V××段#×××工作电源开关	
21	检查380V××段#×××工作电源开关"绿灯"亮	
22	检查380V××段#×××工作电源开关机械位置指示在"分闸"位	
23	检查380V××段#×××工作电源开关位置在"工作"位	
24	断开380V××段#×××工作电源开关操作电源开关	

续表

单位：_____   编号：_____

发令人		受令人		发布时间	年　月　日　时　分
操作开始时间：年　月　日　时　分				终了时间：年　月　日　时　分	

操作任务：380V××段母线由"运行"转"检修"

顺序	操作项目	√
25	摇出 380V××段#×××工作电源开关至"检修"位	
26	检查 380V××段#×××母线电压互感器电压表指示为 0V	
27	断开 380V××段#×××母线电压互感器电源开关	
28	检查 380V××段#×××母线电压互感器电源开关在"分闸"位	
29	取下 380V××段#×××母线电压互感器二次保险	
30	验明 380V××段#×××母线电压互感器 A 相无电压	
31	验明 380V××段#×××母线电压互感器 B 相无电压	
32	验明 380V××段#×××母线电压互感器 C 相无电压	
33	在 380V××段母线#×××开关柜处装设接地线（　号）	
34	在 380V××段#×××母线电压互感器柜处挂上"禁止合闸，有人工作"标示牌	
35	在 380V××段#×××母联开关处挂上"禁止合闸，有人工作"标示牌	
36	在 380V××段#×××工作电源开关处挂上"禁止合闸，有人工作"标示牌	
37	在 380V××段母线处挂上"在此工作"标示牌	
	以下空白	

备注：

操作人_____　监护人_____　值班负责人_____　值长_____

考核内容：

380V 厂用母线由"检修"转"运行"。

考核要求：

（1）按图 7-1 要求正确填写电气倒闸操作票。

（2）能正确模拟预演。

（3）安全文明操作。

序号	主要内容	考核要求	评分标准	配分	扣分	得分
1	工具	用蓝、黑色钢笔或圆珠笔填写	未按规定使用扣2分	2		
2	调度命令及现场运行方式核对	核对调度命令与现场运行方式正确	未进行核对不得分	8		
3	票面要求	（1）票面应字迹工整、清楚 （2）严禁涂改重要文字，其中设备双重编号、接地线组数及编号、动词等重要文字严禁出现错误	（1）面字迹不工整、不清楚，每处扣2分 （2）发现重要文字出现错误，该项盖"此项作废"章，但一页不准超过三处，每处扣2分。涂改重要文字每处扣10分	30		
4	文字要求	（1）字体使用标准简化汉字 （2）日期、时间、设备编号、接地线编号、主变挡位、定值及定值区号等应使用阿拉伯数字（国标要求的特殊写法除外） （3）按国标要求正确使用英文字母	文字、字母和阿拉伯数字使用不规范每处扣2分，错、漏字每处扣2分	10		
5	操作任务	（1）一次设备均应写出电压等级和设备双重编号，（主变、站用变除外） （2）一张操作票只能填写一个操作任务	（1）一次设备未写出电压等级和设备双重编号扣5分 （2）未一张操作票填写一个操作任务扣10分	20		
6	内容要求	（1）正确使用调度术语和操作术语 （2）严禁使用"同左"、"同右"、"〃"等来代替填写内容	（1）未正确使用调度术语和操作术语，每处扣4分，扣完为止 （2）使用"同左"、"同右"等来代替填写内容者，扣20分	30		
备注			合计			
			教师签字　　　　年　月　日			